工場のスタンダードを変えたサンデンフォレストの軌跡

森の中の工場

〜環境経営からSDGs経営へ〜

プロローグ～時代が追いついてきた～

マスメディアのニュースで、「ＳＤＧｓ」というワードを頻繁に目にするようになった。ＳＤＧｓとは、Sustainable Development Goals の略称であり、「持続可能な開発目標」を意味する。２０１５年９月の国連総会で採択され、以降、政府や自治体、企業、団体、教育機関などで多彩な取り組みが進行中である。

ＳＤＧｓは、国連が定めた世界共通の成長戦略であり、２０３０年を目標年とする17の目標が設定されている。17の目標は、「貧困をなくそう」「飢餓をゼロに」「すべての人に健康と福祉を」などをはじめ、さまざまなジャンルに及ぶ。17の目標の下には、それぞれについてより詳細な目標である１６９のターゲットもつくられている。

国連が採択した世界の成長戦略というと、国連機関や各国政府が取り組めばいいのではないかと思われがちであるが、企業や団体、自治体、研究機関などがそれぞれの立場から行動しなければ、とても達成できるものではない。実際に、国連の読みでは、いまのペースでは２０３０年の目標達成が困難であり、取り組みに一層の加速が必要だとされているのだ。とりわけ民間企業の取り組みが重要なのは言うまでもない。

ペースアップを促す国連の広報活動などが功を奏し、ようやく取り組みを打ち出した企業が増え始めた結果、マスメディアにＳＤＧｓが登場する機会も多くなった。２０２０年現在、ＳＤＧｓの関連書籍が多く出版されるようになり、女性誌「ＦＲａＵ」では、１冊丸ごとＳＤＧｓが特集されたほどだ。２０１９年はＳＤＧｓの取り組み元年と呼んでもいいぐらいに普及してきた。

ＳＤＧｓの取り組みが実を結ぶか否か、そこに地球の持続可能性が託されていると言っても過言ではないのだ。

ＳＤＧｓが採択されるはるか以前の２００２年、後に世界中の注目を集めることになった一つの工場が群馬県の赤城山麓に築かれた。

それがサンデンフォレスト赤城事業所だ。

手入れがなされず荒れ果てていた山林64万平方メートル内に製造工場を造るとともに32万平方メートルの緑地を確保し、「自然と共生する21世紀型工場」をテーマに環境配慮型の開発が行われた。

民間として世界で初めて近自然工法を採用し、随所に

サンデンフォレストと赤城事業所

生態系を創出する工夫が施されるとともに、2カ所の調整池がビオトープ化された。荒れ果てていた森林を多くの生物が暮らす豊かな森林に変えるとともに、環境対応のなされた先進的な生産施設を備える。多くの地域団体や学校を巻き込み、環境教育や環境イベントを行うなど、年間1万5000もの人が訪れる。国内外からも高く評価、内閣総理大臣表彰をはじめ数々の受賞に輝いた。

この画期的な工場は、現在で言えばSDGsに完全に合致する。具体的には目標15「陸の豊かさも守ろう」をはじめ目標4「質の高い教育をみんなに」、目標13「気象変動に具体的な対策を」、目標17「パートナーシップで目標を達成しよう」など多くの目標に該当する。

SDGsが採択される13年も前にこうした生産施設が構築されていたことに改めて驚嘆させられる。

この自然と共生する工場を設立したのは、牛久保雅美社長（当時）が率いるサンデン株式会社（現サンデンホールディングス株式会社）であった。

サンデンは、カーエアコンなど自動車用機器をはじめ、冷凍・冷蔵ショーケース、自動販売機、住宅用空調システムなどをつくるメーカー。世界23カ国に54拠点、27工場を展開する。日本、アジア・オーストラリア、アメリカ、ヨーロッパの4極体制を敷いている。

年間売上高の70%以上を海外で占めるというグローバル企業だ。群馬という地方を本拠地としながらも、高い品質力と環境対応力をクリアした技術力を強みに、海外でも高い評価を得てきた。カーエアコン用コンプレッサーの世界シェアは25%。実に世界中の自動車の4台に1台にはサンデンのつくったコンプレッサーが採用されているのだ。

サンデンをグローバル企業に押し上げた牽引者が牛久保雅美であった。1943年に三共電器株式会社として創業した牛久保海平の子息である。早期からのグローバル展開に尽力した経験から品質と環境というキーワードを常に経営の核心に置き、その充実に力を注いできた。1989年に社長に就任すると、その動きはさらに加速していった。

赤城山麓に確保した約64万平方メートルの土地にどのような工場を造るべきか。

牛久保のビジョンは、やがて「環境と産業の矛盾なき共存」というキーワードに至る。そのビジョンを具現化するために、執念とも言える情熱を燃やした。

その原動力と過程、そして未来への思いを追求してみよう。

2002年4月、サンデンフォレストの中にオープンした赤城事業所。うしろは名峰赤城山

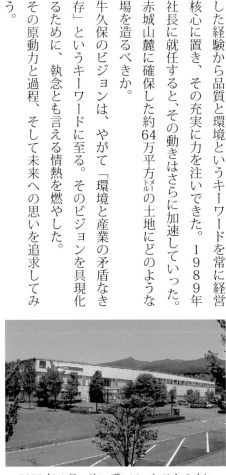

目次

プロローグ～時代が追いついてきた～……1
第1章　時代を先取りした生産施設が誕生したわけ……11
環境経営のトップランナー……12
原点を探る……23
エコロジーはエコノミー……30
100億円の選択肢……34
面積を取るか、生態系を優先するか……38
挑戦・創造・貢献……45
人の来ない会社に繁栄なし……48
第2章　誕生までの道程……53
苦難の道のり……54

追い風となった米国「成層圏保護賞」……60
粘り勝ち……61
価値を高めたニコルの参加……64
ニコルからの手紙……68
福留脩文という男……72
近自然工法の導入を決断……76
実施設計案がまとまる……79
古代から先端技術が息づいた地……81
近自然工法を可能にした石と木……85
日本一のビオトープを創る……89
トップクラスの生産施設を……94
サンデンフォレスト誕生……96

第3章　活用と評価……99
誕生1年の評価……100
サンデンファシリティ……103

環境教育という方向性 …… 106
環境ネットワークを結成 …… 109
「あかぎくらぶ」の誕生 …… 112
「赤城自然塾」とエコツーリズム …… 114
モニタリング調査の結果から …… 115
地域とのパートナーシップ …… 119
多彩な来訪者を満足させるために …… 121
内外からの高い評価 …… 124
10周年を迎える …… 129
「COP11」で発表 …… 131
サンデンフォレストとSDGs …… 133
第4章　C・W・ニコルVS牛久保雅美 …… 137
二人の邂逅からすべてが始まった …… 138
「環境を大切にした工場こそが、経営もうまくいく」 …… 142
「約束を守る男」 …… 145

社会の中で負う使命と本質と……151
「PROTEAN　BEHAVIOR」の精神で……154
「リスクを負って立ち上がれ」……157
エピローグ～ぶれないということ～……161
サンデンフォレストの歩み……164
参考文献……170
C・W・ニコル氏からのメッセージ……172
後を継ぐ者たちへ……174

第1章

時代を先取りした生産施設が誕生したわけ

環境経営のトップランナー

華々しいサンデンフォレストの成功が全面に語られることが多いが、実はそれ以前にサンデンは他社に先駆けて環境をテーマにした活動に取り組んできた前史がある。

サンデンが環境に関する姿勢を最初に打ち出したのは1990年だった。社内広報誌「SANDEN　PLAZA」の90年春号で、「エクセレントカンパニーを目指して地球にやさしい企業でありたい」と題する特集を組んだ。事業所から出る不要な紙やゴミの問題を取り上げ、これを機に社内から出る紙とゴミをゼロにしようという運動が始まっている。

ここを起点にサンデンの環境に対する取り組みがスタートした。

次は、93年10月に発表した「サンデン環境憲章」である。

「サンデンは、グローバルな企業市民として、地球環境の保全が人類共通の最重要課題の一つであることを認識し、安全で美しい地球を次の世代の人々に引き継ぐために、企業活動のあらゆる面で環境の保全に配慮して行動する」という環境理念を掲げた。

さらに環境行動指針として、環境監査の実施、環境負荷の低減、環境に関する自主管理基準の設定、有害物質の代替・削減、省エネ・リサイクル、廃棄物削減、環境教育、地域社会への環境保全活動への参加、地球環境保全の広報活動など、8項目を設定した。単なる理念ではなく、取り組みの指針が明確に示されている。

この時期には、環境に関する社内活動にとどまらず、製品開発や製造プロセスにおいても環境がキーワードとなっている。

冷蔵庫やクーラーの冷媒、プリント基板の洗浄剤、スプレーの噴射剤などに使われていた特定フロンがオゾン層を破壊することが全世界的な問題となっていたのは周知の通り。カーエアコン、自販機、冷凍・冷蔵ショーケースの冷媒としてフロンを活用していたサンデンは、そのことを切実な問題として捉えていた。放置すれば信頼を失い、グローバル企業失格となる。

そこで、92年には特定フロンの代替物質を探求するため、フロン対策専門委員会を立ち上げ、各部門から12人を選抜した。12人の専門委員たちは、地球環境に悪影響を与えない新しい物質探しを始めた。その尽力の結果、95年末までにオゾン層破壊物質の特定フロンを全廃することに成功した。

そして、その実績は牛久保自身も予想もしない受賞に結びついた。

翌年、特定フロン代替物質に関する先進的な取り組みが評価され、米国環境保護庁から成層圏オゾン層保護貢献賞を受賞。このことが、結果的にサンデンフォレストのプロジェクトを大きく後押しすることになった。また、93年には飲料自動販売機蓄熱式省エネルギーシステムが、資源エネルギー庁長官賞を受賞している。
96年には環境ＩＳＯであるＩＳＯ１４００1の認証取得プロジェクトに着手。97年から98年にかけて八斗島事業所、寿事業所など全事業所で相次いでＩＳＯ１４００1の認証を取得した。そして、98年12月からは、2年がかりで八斗島、寿など全事業所で「ゼロ・エミッション計画」に取り組んだ。その結果、２０００年4月、リサイクル率99％以上を達成することができた。これは、実質的にゼロエミッションの達成であった。

１９９０年代に入るころから、特定フロンガスによるオゾン層の破壊が社会問題となるなど、私の頭の中では徐々に環境に対する意識が高まっていました。というよりも、製造業者として生き残っていくためには環境に配慮した製品をつくらねばならないだろうという考えがあったのです。

こうしたことを従業員全員で共有し環境意識を高めていくことが必要だと考えたんですね。それで、まず「ＳＡＮＤＥＮ　ＰＬＡＺＡ」の環境特集で、ごく基本的なところから呼びかけたのがはじまり。

実は私が社長に就任した１９８９年から数年間、会社の業績は低迷し赤字が続いてました。円高と並び大きな要因となったのは、特定フロンガスの規制です。オゾン層の破壊は人類の存続に直結する問題ですから、それらを使用した商品を使用することは環境破壊でもある。当然、売り上げは低迷します。だから、環境への取り組みは社運を左右する切実な問題でもありました。

そこで、特定フロンの代替物質を探すプロジェクトに取り組んだのです。約3年を要して、当初の目標通り、メンバーの努力の甲斐が実り、代替物質の探求に成功。オゾン層破壊物質を全廃することができ、業績も回復しました。この功績に対してアメリカの環境保護庁から成層圏オゾン層保護貢献賞を受賞できたが、これがサンデンが受賞した大きな賞の最初だったと思う。

こうした経験から、製品づくりの中で環境性能を高めることが企業としてのイメージのみならず業績を左右することを学んだのです。以降、サンデンでは製品開発における環境面への配慮は必要不可欠なものとなっていきました。

フロン対策専門委員会を立ち上げた翌年には「サンデン環境憲章」を制定。この時は、環境を経営の根幹に据えるべきとの考えが私の中では大きくなっていました。理念だけではなく、従業員が何をなすべきなのかわかりやすくするため、具体的な行動指針も示しました。これは環境だけでなくて、全てにおいて具体性のある指針を示し、全従業員で共有できるようにするというのが私の経営の根幹にある。環境だけではなく、品質やグローバル展開でも同じです。全従業員が同じ方向を向いて動くためには、考え方を明確に示す必要があるのです。経営者としての発信力というものが重要だと思いますね。92年から毎年、年の初めに「全社統一行動指針」を発信するようにしました。事あるごとに同じことを言い続けるのは自分にとっても大きなエネルギーを要するけれど、「継続は力なり」です。

そして理念も重要だが、それだけでは絵に描いた餅、お題目だけで行動に移すことができないまま終わってしまう可能性が高いと考えたのです。それは環境政策に限りません。その時々に私が考えていた主要項目として整理したものを従業員に具体性のあるメッセージとして伝えた。実務としてすぐに行動に移せるような指針でないと、いくら偉そうな理念を唱えたところで、行動には移せないものです。

実際にこの時の行動指針は以降のサンデンの環境政策に大きな影響を与えています。その一つが環境ＩＳＯであるＩＳＯ１４００１の認証取得でした。今となってはＩＳＯ１４００１の認証取得は当たり前のことですが、97年にサンデンが取り組んだのは国内では最も早い部類だったでしょう。

それはなぜか。

海外の某有名自動車メーカーが1枚の文書を発したのがきっかけでした。

「ＩＳＯ１４００１に適合しない会社との取引を今後見直す」

こうした趣旨の通達を見て、今後のグローバル展開は、ＩＳＯ１４００１が世界標準となることを瞬時に理解しました。

「取得していない企業は相手にもされなくなる」

そう思った。取り組みは危機感から始まったのです。素早い取り組みはグローバル展開を手広く行っていたからこそ可能だったと考えています。

環境に関する90年代初頭からの歩みを概観しただけで、サンデンフォレストがサンデンの環境に対する取り組みの全体像の中の一つのピース、あるいは集大成だということが分かるであろう。決して、牛久保の気まぐれな決断で誕生したわけではないのだ。

牛久保は後にサンデンの事業ドメインについて言及するときは口癖のように語った。

「サンデンはＩＴでもない、バイオでもない、宇宙産業でもない、ならばどの領域で生き抜いていくか。環境という部分を前面に打ち出し、事業を見据えていく必要がある」

環境への取り組みが環境貢献でとどまる企業が多くを占める中、牛久保の思考は環境経営そのものであった。

実は、牛久保にとって環境経営にシフトするきっかけとなるもう一つの大きな出来事がある。
96年に稼働したフランス工場であった。ヨーロッパは環境については先進地域である。

90年代前半から続く円高の中、グローバル展開を加速させていたサンデンとしてはヨーロッパでの生産拠点づくりを模索していました。徹底的に市場調査を行った。われわれにとって最も進出しやすいのは、言葉の問題もありイギリスだった。英語ならなんとかなるし、英国暮らしも経験があるから親近感もあった。すでに英国には営業事務所もあったのです。しかし、ヨーロッパ全体の生産拠点として考えると、踏ん切りがつきません。決定打がないのです。

そんな状況だった1994年5月のある日、突然フランスのメニュリ法務大臣兼イル・エ・ヴィレーヌ県議会議長が東京本社を訪ねてくるという。その日、群馬で予定のあった私は急遽予定を調整し、東京本社で彼を迎えた。彼はフランスのブルターニュ地方の出身だった。彼は私に言う。

「サンデンさんには、ぜひブルターニュに進出してほしい」

メニュリ法務大臣は自動車機器メーカーを誘致する場合はサンデンと絞り込んでいたようです。法務大臣まで直接依頼に訪れてくれたのだから、真剣に進出を考えようと決めた。地元が応援してくれるというのは、私にとって重要な要素。実はそのとき、ちょっと先になるが商談のためフランスに行く予定がありました。その予定のことは話さず、
「じゃあ、すぐに行きますよ」
と返答しました。

パリのドゴール空港に着くと、なんと私たち一行のために専用の飛行機が用意されていた。ブルターニュの人たちはサンデン進出に対する熱い思いを披露してくれました。
「なんとか工場をつくってほしい。そのために私たちは全面的に協力する」

このように地元の全面的な協力姿勢のもとにフランス工場のプロジェクトはスタートしたのです。

地元の熱心な進出要請、そして手厚い協力姿勢があり、工場の建設プロジェクトはこれまでと同様にすんなりと進められるだろうと踏んでいました。

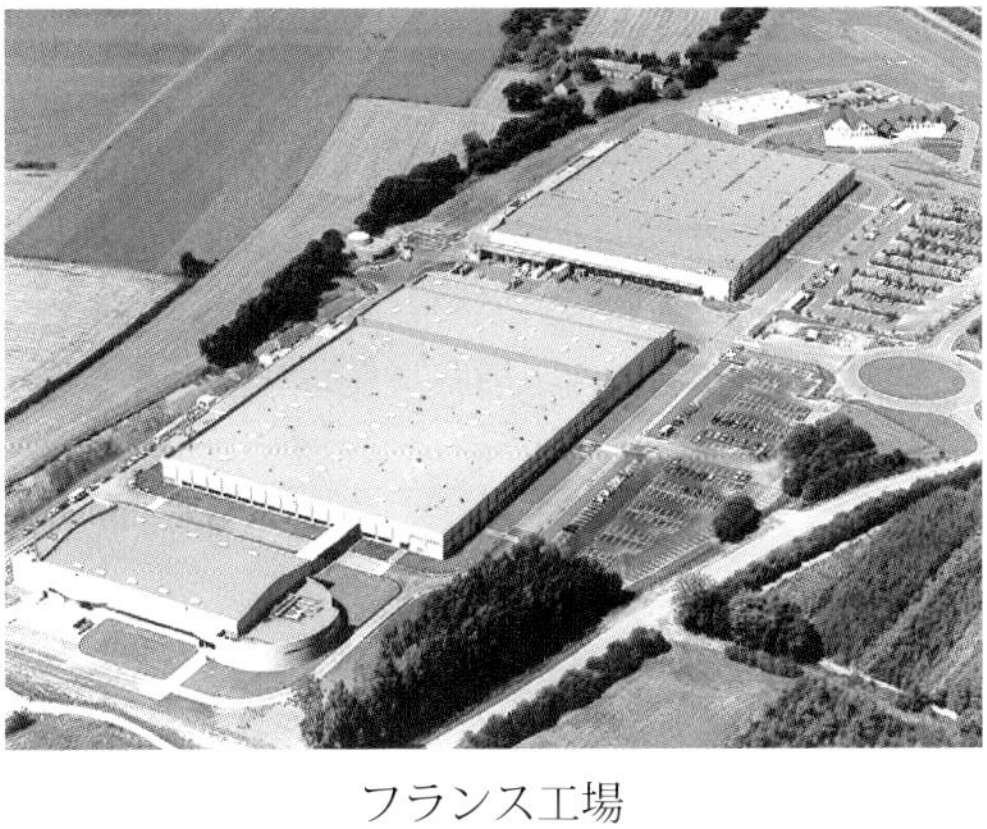
フランス工場

ところが、事情は全く異なっていました。

いざスタートしてみると、日本のやり方に慣れていた私たちは大いに戸惑うこととなります。

工場建設における環境規制が極めて厳しいのです。特にランドスケープ（景観）について厳しく規制される。数百年単位で築かれてきた街並みにマッチするようなデザインが工場にも求められるのでした。

そのときに私は、言ってみれば、工場と自然とのぶつかり合いを非常に意識するようになりました。経済活動であっても環境を考慮しなければ、社会に求められない。このようなやり方がこれからの世界の潮流なのだと認識した。製品の環境性能だけではなく、製造する過程に関する環境への配慮も厳しくする必要があるのです。

サンデンは70年、米国ジョン・E・ミッチェル社とカークーラー用コンプレッサーの技術提携を結んだのを皮切りに、海外展開を図り、90年代までに国内だけではなくアメリカ、アジアに生産拠点を置き、販売網は全世界に及ぶといっても過言ではありませんでした。

90年代半ばには、すでに四半世紀に及ぶ海外展開の歴史がありました。私はグローバルの経済競争で勝ち抜くために品質保証の重要性を認識し、副社長時代の80年代末期から長い年月をかけて品質改善に取り組んできた。世界の一流自動車メーカーと渡り合っていくには品質の向上は必要不可欠です。そして、やはり、同じくグローバル展開の中から製品自体の環境性能、そして生産施設の環境配慮が重要であることに気づいたという流れになるでしょう。

グローバル、品質、環境というのは、その時代時代においてサンデンが生き抜いていくための基本をなすものだったんですね。海外展開を幅広く行ったことは円高が主な要因。海外に生産拠点を築かなければ食っていけないと思った。そして、一流の自動車メーカーへの売り込みを通じて、品質を鍛えなければ生き残れないと悟った。環境についても同じ。環境性能を引き上げなければ、競争に生き残れないのです。

特に、サンデンの製品自体が環境に影響を与えるものですから、環境に対する取り組みというのは事業の根幹をなすものだという考えに至りました。

結局、いち早く海外に進出したことが、国内において早い時期に環境経営に踏み切ることにつながったんでしょうね。グローバル、品質、環境の三者は決してバラバラではなく、全てが連関しているんですね。1970年代以降のサンデンの歴史は、グローバル→品質→環境という三段論法で語ることができると思います。

ISOへの取り組みにしてもそうですが、これらは何も特別なものではありません。

本来、環境や品質、それらは普通に高めなければいけないものなんです。

だから、当時、社内に対しては

「四方八方から火をつけろ」

という発言を繰り返し、従業員を鼓舞していました。

ＩＳＯやデミング賞など、実にさまざまなプロジェクトが錯綜するように動きあい、結果的に品質や環境の実力を高めることとなったのです。

かつて製品の品質が良ければそれでいいという時代があったが、製品の品質を形成するのはそのプロセス。そして、そのプロセスに携わるのは人間。だから、人間が品質をつくり込む。環境についても同じことが言えるはずです。従業員からすれば、「またやるのか」という思いだったかもしれませんが、みな一生懸命に挑んでくれた。その成果というのは、後から気づくものです。

サンデンはサンデンフォレスト開設後の07年、12年には日本政策投資銀行の「ＤＢＪ環境格付」で最高ランクを取得している。これは、日本政策投資銀行が企業の環境経営をサポートするため、04年からＤＢＪ環境格付融資の運用をスタートしたもの。日本政策投資銀行が開発したスクリーニングシステム（格付システム）により、企業の環境経営度を評点化し、優れた企業を選定し、得点に応じて3段階の金利を適用する「環境格付」の手法を用いた世界で初めての融資メニューである。

サンデンの環境経営が、金融機関からも高く評価されていることの証左である。

原点を探る　—自然好き&海外志向&エンジニア—

前節では、経営という観点に焦点を当て、サンデンの環境経営の歩み、考え方を探求した。しかし、サンデンが他社に先駆けて唯一無二の環境経営に踏み出すことができた要因を、それだけで語ることはできないだろう。

サンデンという会社の成り立ち、そして牛久保雅美のパーソナリティに迫る必要がある。

改めてサンデンについて紹介すると、「冷やす・暖める・電子」をコア技術として主に産業ユースの分野における製品を生産・販売してきた。一般消費者向けの商品ではないため、群馬県内であってもサンデンという社名を聞いてピンとこない人は多いだろう。

創業は、第二次世界大戦中だった1943（昭和18）年のこと。牛久保雅美の父、牛久保海平と、その弟である牛久保守司、海平の友人、天田鷲之助の3人が群馬県伊勢崎市に三共電器株式会社を設立した。戦時中ゆえ、軍需品のマイカコンデンサー（雲母蓄電器）や無線通信機器を製造品目とした。戦後、物資不足の中で、電気コンロや足温器、二股ソケット、コンセントなどの電気器具をつくり、生き残りを模索する中で、48年に開発・発売した自転車用の発電ランプが全国的な大ヒット商品となり、経営が安定した。

その後、原付自転車用小型エンジン、モペットコリー（原付自転車）、電気洗濯機、電気冷蔵庫、業務用冷凍・冷蔵ショーケース、自動販売機、ポット式石油ストーブなどを次々に開発販売した。当初、サンデンは産業ユース、一般消費者向け双方の製品をニーズに応じて開発していた。しかし、一般消費者向け製品は、流通チャネルを整備した大手家電メーカーに勝つことは困難と判断し、産業ユースに特化していく。こうして、カーエアコンのコンプレッサー（冷媒圧縮機）など自動車機器システム、冷凍・冷蔵ショーケースや自動販売機などの流通システム、エコキュートなど住環境機器システムの3分野を事業分野に再構築していった。中でもカーエアコン関連で売上高全体の70％近くを占めるようになる。前述のように、いち早く環境対応製品を開発したこともあり、コンプレッサーの世界シェアは25％を誇る。

一方、62年に東証2部、73年に東証1部にそれぞれ上場している。伊勢崎市の本社に加え、東京本社も構え、工場はサンデンフォレスト・赤城事業所のほか、伊勢崎市内に八斗島事業所、愛知県に豊橋工場がある。海外展開は「ユーザーの近くで生産し販売する」戦略を取り、アメリカ、メキシコ、ブラジル、イギリス、ドイツ、フランス、スウェーデン、ポーランド、イタリア、スペイン、韓国、シンガポール、フィリピン、タイ、ベトナム、マレーシア、インドネシア、インド、パキスタン、台湾、中国、オーストラリアに営業拠点や工場を持つ。

一方、幅広くグローバル展開を図るサンデンにとって品質の向上・均一化は重要テーマであり、90年代に入ると独自にTQM(総合的品質管理)に取り組み、98年、「STQMグローバル展開宣言」を発表し、07年にはデミング賞を受賞した。

15年、従来の会社組織を事業別に分社化し、グループ全体の経営を統括するサンデンホールディングス株式会社を設立。サンデンの歴史は新たなステージに入った。

これまでのサンデンの歩みを概観するとこのようになる。ターニングポイントは自社の強み弱みを把握した上で、事業分野を産業ユースに特化したことと、いち早くグローバル展開に踏み出したことである。グローバル展開を牽引したのが牛久保雅美だった。

牛久保雅美の歩みを見てみよう。

牛久保は1935年生まれ。早くから海外への関心が高く、中学時代には英語の個人レッスンを受けていた。前橋高校を卒業後は早稲田大学理工学部電気工学科に進学した。大学時代は実験や研究の合間をぬって英語を勉強する真面目な日々を送った。電気工学科では、原子力を含めた電気エネルギーの発生・輸送・利用・応用などについて学んだ。高校時代から山歩きを趣味としていた。

大学院では自動制御を学び、卒業後に就職したのは富士電機だった。そこで、原子力関連の仕事に従事し、62年には研修のためスコットランドにあるハンタートラスト原子力発電所に1カ月間派遣された。このとき、ウェールズやイタリアの原子力発電所も訪ねた。

それから数年後の68年にサンデンに入社、33歳となっていた。まだ三共電器の時代である。このころ、すでに東証2部に上場し、商圏を全国に拡大しつつある時代だったが、売上高はまだ100億円に満たない規模。入社後、マーケティングを学んだ牛久保は、新製品の開発に取り組み、将来性を考えカーエアコンの開発を決めた。アメリカではほとんどの乗用車がカーエアコンを装着する時代に突入していた。業務用冷蔵ショーケースなどで蓄えた「冷やす技術」のノウハウをベースに小型・軽量のカーエアコンの開発に乗り出す。

開発は決して容易ではなかったが、全世界で年間20万台以上のカーエアコンを販売する米国のミッチェル社との技術提携をまとめたのを機に、牛久保は海外展開を手がけるようになった。89年に社長就任以降は、グローバル、品質、環境の三位一体となる経営を進めていく。

環境への取り組みは、グローバルで生き抜いていくために必要不可欠なことだったと述べてきたが、それを別の切り口で見てみると、私が生きてきた人間としての本質的な部分に突き当たると思います。

私は、生まれついて自然が好きなんだね。

伊勢崎市に生まれ、屏風型に広がる美しい赤城山を見て育ちました。この風景は唯一無二のものだし、私にとって原風景とも言えるものだ。雄大な裾野を持つ赤城山に抱かれ、そこからどこか開放的なものに惹かれるようになり、ひいては海外に出て行ってみたいという気持ちにつながった。そんなふうに考えているんです。

高校生になると山歩きを始めました。最初に登った２０００メートル級の山は尾瀬の至仏山。科学研究部の合宿で登ったんだが、私が最初に登頂した。これを機に山歩きに取り憑かれた。大学では山岳部に所属したが、足を怪我したために退部し、その後は友人たちと休日になると、八ヶ岳や北アルプスを趣味として散策したものです。

それともう一つ、私は早くから海外に行ってみたいという憧れを抱いていた。実は父の海平も少年時代から海外ビジネスに興味を抱いていたというのだが、そのＤＮＡは私にも受け継がれていたのかもしれない。いつかは仕事を通して海外と交流したいと本気に熱望していたのです。

自然志向と海外志向は私の本質と言ってもいいでしょう。

大学は早稲田大学理工学部電気工学科。将来は電気関係のエンジニアになり、海外を飛び回りたいと思いながら勉強に励みました。大学生時代は、忙しい実験の傍ら将来に備えて英語も熱心に学んでいた。卒論は、テレビが急速に普及を始めた時代だったこともあり、「位相直線性カラーテレビ」をテーマとしました。電気関係であり、なおかつ英語力を生かして海外ビジネスに従事できるという仕事を探したが、なかなか見つからず大学院に進学。大学院で自動制御を研究するうちに、富士電機から声がかかった。富士電機は川崎重工業や神戸製作所などと組んで東海村に日本初となる商業用原子力発電所の建設を引き受けていた。装置と技術はイギリスから導入するというのです。

それなら海外に行くチャンスもあるかもしれない。しかも発電は専門分野。

そう思ってすぐに決意し、59年、富士電機に入社しました。

研修目的で建設中だったスコットランドのハンターストン原子力発電所に派遣されたのは、入社3年後の62年。これが私にとって念願の初めての海外体験だった。大学時代、そして富士電機での経験を通して、私はエンジニアとしての基礎力を学ぶことができた。

さらに夢だった海外ビジネスも多少は経験できました。

自然好きというだけだったら、環境経営に結びつくことはできなかっただろうと思います。自然がエンジニアとしての思考と結実して初めて環境志向の製品づくりや環境経営に結びつくのだろう。私の場合は、さらにそこに幅広い海外経験があったから、環境に対する先進的な取り組みと環境の重要性を目の当たりにすることができたことがバックボーンとしてあります。

例えば、CO2の削減が気候変動にとって重要なテーマだということは常識ですが、私はCO2を技術的に有効に製品づくりに使うことができるという構想をエンジニアとして抱いていました。この考えがサンデンの次世代型環境対応製品のキーとなり、後に自然冷媒（CO2）を採用したコンプレッサーの開発に取り組み、CO2冷媒を採用したカーエアコン用コンプレッサーの開発に結びついていく。量産体制を築いて、世界で初めて本格的な市場供給を開始することにも成功しました。

自然派志向とエンジニア志向が両立したからこその結果だと信じています。

どうだろうか。

自然好きという背景だけだったら、一般的な環境運動家やナチュラリストと変わらない。

そこにエンジニアとしての目線がプラスされ「環境」に結実するという流れだ。牛久保の場合はさらにそこにグローバルというキーワードがプラスされ、世界でも最先端の環境経営に昇華したと考えることもできそうだ。サンデンフォレストのバックボーンは奥が深い。

エコロジーはエコノミー

C.W.ニコル氏　アファンの森にて

牛久保がサンデン環境憲章をつくった1993年、その後の歩みに大きく影響することになる出会いがあった。

C・W・ニコルとの邂逅である。

牛久保とニコルとの出会いがなければ、サンデンフォレストは誕生しなかったかもしれない。

サンデンの顧問を務めていた林政ジャーナリストの梅崎義人の紹介で、牛久保は、黒姫で暮らすニコルのもとを訪れた。

二人はすぐに意気投合した。

ニコルは、「作家、環境保護活動家、探検家」という肩書を持つ。イメージはナチュラリストであるが、自然に手を入れてはいけないという自然至上主義者でないところに特徴がある。

ニコルは、森づくりについてはプロフェッショナルと言っていい。サンデンフォレストのプロジェクトに助言を与える人物としては最適だったのではないか。

イギリス西部、ウェールズの町ニース出身。初めての来日は62年。奇しくも牛久保が初めての海外となるスコットランドに渡った年だ。来日の目的は空手を学ぶためだったという。ニコルは北極での野生生物調査やカナダでの環境保護局緊急係官、エチオピアで国立公園をつくる仕事にも携わった経験を持つ。80年、40歳のときに日本に居を構え、95年に日本国籍を取得した。ニコルは自らを「ウェールズ系日本人」と呼ぶ。

ニコルの住まいは長野県北部、黒姫山の山麓にある。

日本は国土面積の67%を森林が占めている。しかし、そんな日本でもさまざまな動植物が息づく「生きている森」はごく限られているのだ。80年代までに原生林はほとんど失われる一方、間伐がなされず放置され、荒れ果てた森林が急増していった。

ニコルはそんな荒れ果てた森の一つ黒姫の里山を購入し、森の再生活動を実践してきた。この森が「アファンの森」だ。ニコルは私財を投じて森の購入を続け、少しずつ森を蘇らせていった。サンデンフォレストがオープンする2002年には、購入し続けてきた森を長野県に寄付し、「C・W・ニコル・アファンの森財団」を設立して理事長に就任した。

森づくりのノウハウを有するニコルだからこそ、サンデンフォレスト造成予定地の荒れ果てた様子を見て、適切な処置を施せば、素晴らしい森林に変えることができると確信できたのだ。

ニコルさんが〝ご意見番〟
粕川のサンデンフォレスト
自然と産業を調和
赤城南面63ヘクタールに複合施設

1998年3月3日　上毛新聞掲載

90年代、私が見る限り、日本の企業における自然環境への関心は、世界と比べて低いとしか言いようがなかった。

そんな中、私たちサンデンは環境へ舵を切ろうとしていました。ニコルさんと出会ったのは、ちょうどそのころです。

「人間と自然が共存するためには、自然を管理したほうがいい」

このニコルさんの言葉に、私は勇気をもらいました。自然が好き、そして環境経営が必要だという考え方を持ちつつあった私は、一方で自然に手をつけないことが環境保護の基本姿勢なのではないかと煩悶していたのです。

ところが、ニコルさんは「自然を守るためには、むしろ積極的に手を加えるべきだ」という。

さらに「エコロジーはエコノミー」とも。「アファンの森」を維持していくには、結局、資金がものをいう。森に手入れを行い、未来に向けて維持していく、つまり持続可能な森を築くには経営が重要だというのだ。

C.W.ニコル氏と牛久保雅美氏
サンデンフォレスト木洩日の森にて

であれば、経営者である私も森づくりにひと役買うことができるだろう。私はニコルさんの感覚と自分のそれが同じであることを嬉しく思いました。

企業として自然に対してどんな貢献ができるか。

ニコルさんとの出会いは、私にこのことを考える機会を与えると同時に、着手した環境経営が間違っていないことに確信を与えてくれたのです。

そこから、後にサンデンフォレストのプロジェクトのスローガン「環境と産業は矛盾なく共存する」が生まれていくことになります。

ニコルと邂逅した翌年、牛久保は社内報「ＳＡＮＤＥＮ　ＰＬＡＺＡ」（94年9月号）の環境保護特集で語っている。

「世界各地に生産拠点を有するグローバル企業として、環境に対する役割と責任は重い。安全で美しい地球を次の世代に引き継ぐために、企業活動を通じて積極的に環境保護活動を実行しなければならない」

１００億円の選択肢

サンデンフォレストのプロジェクトにおいて最初の大きな分岐点は、関係する会社のゴルフ場開発が中止になった後､その予定地をどのように活用していくかという決断だった。

地元の粕川村はゴルフ場開発は頓挫したにせよ、新展開を望んでいた。サンデン側にはゴルフ場予定地の新たな展開を検討する「Ｋ会議」が設置された。１９９２年4月のことである。

その一方で、当時のサンデンには寿工場が手狭になり生産効率に課題を抱え、代替地を探していたところだった。牛久保が社長就任前の88年には、伊勢崎市に対し工場用地取得に関する要望書を提出し、用地購入の意思を示していた。これに対し、伊勢崎市は県と協力し工業用地の造成を三和町で開始。

三和町の土地は5万坪である。坪単価はざっと20万円。100億円の投資だ。

これに対して、宙に浮いている赤城の土地を工場用地として使えばいいじゃないか、という意見も出された。こちらは20万坪と三和町の4倍の広さ。坪単価は4分の1の5万円。奇しくも投資価格はこちらも100億円だ。

5万坪で三和町の100億円か、20万坪で100億円の赤城か。

経営陣の意見は真っ二つに割れた。

伊勢崎市三和町の用地賛成派は、サンデンから工場用地取得の要望書を出し5万坪も明言している経緯や交通の便が良いことなどを推す理由として挙げた。

一方、赤城派は土地単価が安く広さが4倍の20万坪もあるため、工場や緑地帯、駐車場の建設も余裕があり、交通の不便を補って余りある点を評価した。

三和派が多数を占めた。

牛久保は赤城派だった。

90年代前半は、サンデンがグローバル展開と環境経営に大きくシフトした時期である。そうすることが社業の発展に大きく寄与するとの信念を持つに至っていた。牛久保はまず部下に赤城におけるフィジビリティスタディを命じた。その結果、赤城山麓に生産施設を置いたとしても問題なく事業を進められるという結果を得た。もう迷う必要はなかった。

初めに言っておくが、私はゴルフ場建設には全く興味がありませんでした。ゴルフ場のプロジェクトが持ち上がった1987年当時、副社長だった私はグローバル展開の興隆に没頭していた。ただ、当時はバブル経済勃興期でもあり、ゴルフ場開発がブームだったことも事実だったのです。

しかし、地元の反対も根強く、最終的には父・海平の一言「地元が反対するようなことはやるな」で中止になっていました。

赤城の地は言ってみれば負の遺産。ゴルフ場に変わる利用法として別荘団地や温泉、メモリアルパークなど多くの案があったと記憶している。

その一方、手狭になった寿工場の代替地をどうするかという問題があった。その両者がリンクし、赤城を生産施設にしようという案が浮上したのだ。

私は、赤城工場で全く問題ないというフィジビリティスタディの結果を受けて、同じ100億円の投資なら、自然豊かな20万坪のほうが有益に違いないと判断した。これだけの土地がすでにあるのに、わざわざ余計な投資をする必要もない。

赤城の選択。

それは考える余地もないことだった。

前にも言いましたが、私にとって赤城は原風景。特別な地なんです。いつかは、この地に研究施設をつくりたいという夢もありました。その赤城で事業可能性が問題ないのなら迷う必要すらない。

そんな理由もあり、周囲から「なぜ、赤城に工場を?」と聞かれると

「神様が耳元で囁いたんです」

と答えていました(笑)。

三和町か赤城か、で経営陣を二分する議論。

工業団地に工場を造るというのは、極めて常識的な選択肢である。従来のノウハウを用いれば、工場建設は特に問題なく進められる。完了後のマネジメントも従来と変わることはないだろう。リスクは少ない。

しかし、赤城の地はどうか。

周囲は森に囲まれている。森を切り開いて工場にするのだ。「森の中の工場」は前例がほとんどなく、いろいろな意味で未知を開拓しなければならない。当然、リスクも高い。フィジビリティスタディの結果が良かったとしても、前人未到の一歩を踏み出すことに人間は躊躇《ちゅうちょ》するものだ。工場づくりを間違った形で進めてしまうリスクがないわけではない。

この議論が起こっていたのは、ちょうどフランス工場のプロジェクトも進行していたタイミングだった。そこでは、これまでの常識が覆されるような環境や景観に関する規制の中で、プロジェクトが進められていた。その状況を知っている牛久保としては、環境配慮型の工場が将来的に世界標準となる可能性を直感として認識していたのだ。

面積を取るか、生態系を優先するか

サンデンフォレストのプロジェクトを成功に導いたもう一つのキーポイントは、環境土木技術の第一人者である、西日本科学技術研究所社長の福留脩文による近自然工法の採用であろう。近自然工法の採用がなければ、サンデンフォレストは「そここに自然との調和を図った森の中の工場」というレベルの評価に終わっていたはずだ。内閣総理大臣表彰を受賞したり、ＯＥＣＤに高い評価を受けたり、ＣＯＰ11で発表したりということもなかっただろう。

福留の起用は、ニコルの牛久保へのアドバイスに従って行われた。近自然工法については第3章で詳述するが、スイスが発祥の地である。福留はスイスを視察し、近自然の事例を目の当たりにし、日本に必要な土木工事の可能性を見つけるのである。

福留脩文氏　西日本科学技術研究所社長

森や草原または河川や湖沼で、林縁や水辺のような自然の境界領域は生態学的に異なる複数の環境が入り組み、そこは常に消長を繰り返し、非直線的で不明瞭かつ繊細である。そして、双方の生態系にとってベーシックなミクロな生きものたちの生息空間である。我々はこれまで、この領域をブルドーザーで押し開き、ある時にはコンクリートで固く閉ざした。ここを修復することが〝近自然工法〟のまず重要な役割である。（『近自然の歩み―共生型社会の思想と技術―』福留脩文　信山社サイテック）

福留は、スイス視察を機に近自然工法に衝撃を受け、やがて自らも実践をスタートする。当初、福留にとって土木建設は自然保護の対立概念であったが、実践を重ねるうち考えは徐々に熟成されていく。福留は言う。

いま人間の物質文明は、確実に質的な変換を求められている。地球規模で地域単位に『人間―環境（生物圏）システム』の基盤を再構築し、『持続発展可能な開発』のあり方を探ること。これは、人間の新しい課題である。わが国ではこれまで、国と地方の経済構造を、大企業系列の拠点開発方式で全国レベルに構築してきた。そしていま、そのマクロ経済の系列と並行し、これと異次元の生態学的および文化的な、または伝統的な地域経済を再編することが課題となっている。（『近自然の歩み―共生型社会の思想と技術―』福留脩文　信山社サイテック）

福留は自然保護と土木建設を対立概念ではなく、自然保護を行うための土木建設を探求する方向に舵を切った。

つまり、近自然工法は必ずしも経済性と対立するものではなく、よりよく環境を築くために共存できるものというのだ。

これはニコル、そして牛久保の考えと親和性がある。まさに三者は出会うべくして出会ったと言えるのではないだろうか。

さて、サンデンフォレストの話に戻ろう。

福留に協力を依頼したサンデンに対する福留の条件は、当初の計画案を全面的に見直すことだった。そこで問題とされたことは多々あり、その内容は第2章を参照していただきたいが、ここでは代表例として一つにフォーカスしよう。

当初案のうち工場用敷地についてざっくりと説明すると、中央部の大斜面に15メートルに及ぶコンクリートの高擁壁を数段築き、平らで広大な土地35ヘクタールを確保しようというものだ。これに対して福留案ではコンクリート高擁壁は除去、局面を持つ盛り土形式、法面は周囲の周囲の緑地に連続するよう植栽する。

工場用敷地の造成問題一つとっても、サンデン内部、そしてサンデンと施工を請け負う鹿島建設との間で1年半にわたって激論が続けられた。福留はこのときの様子を「熾烈を極めた」と後に振り返っている。

大手ゼネコンとして造成工事のノウハウも豊富に有する鹿島建設にしてみれば、プライドも自信もある。それが近自然工法などという耳慣れない工法を、しかも福留脩文という一個人が主張する工法を採用するというのである。

ただ、サンデンとしては、なぜ近自然工法を採用するのか。その趣旨を粘り強く説明し、理解してもらうしかない。

この一連の議論に牛久保が直接参加するわけではなかったが、極めてシンプルに考え、答えは決まっていた。

建設会社が提案するように、高いコンクリート擁壁をつくり、平らで広大な宅盤用地を造成するという方針には納得できなかった。これは広い平面の土地にこそ価値があるという論理が根底になるのだろうと私は解釈した。

広い平面に一体そこまでの価値があるのか。

平面の土地は工場として必要なだけの面積が確保できればいいし、従業員の駐車場は斜面でも構わないというのが私の考え。人口減少も予想される日本において、自販機や冷蔵ケースなどの需要が右肩上がりに伸びていくとは考え難い。必要なだけの広さが確保できれば十分なのだ。目の色変えて平面を広げるような思想は受け入れられないのです。何億もかけて見上げるように高い擁壁をつくる必要などありません。しかも、この案だと敷地内の生態系が分断されてしまい、私たちが目指すサンデンフォレストは著しく中途半端な自然への向き合い方になってしまうのです。

そういう考えに対して、「おかしいじゃないか」と疑問を投げかけました。どう造成しようと、サンデンフォレスト全体の面積は変わらない。だったら安いほうがいいというのが私の考え。

「面積を取るのか、生態系を優先するのか」

私はこういう言葉も投げかけました。

建設会社は防災・安全性なども持ち出してきましたが、私はエンジニアですからその点についても問題はないと把握していました。だから、大手ゼネコンの土木技術者に対しても反論することができたのです。文系の経営者なら言葉を返すことはできなかったでしょう。

経営者としても技術者としても、コンクリート高擁壁とより広大な平面という思想は受け入れられないものです。

そんなところで、福留さんの近自然工法の路線が、私たちの望む理想形といくつかの面で一致しました。高い擁壁をつくらないで自然を残す。コンクリートで固めるのなら、わざわざ高知県から福留さんを呼ぶ必要もありませんから。

この議論をしていたのは、施工前の１９９９年から２０００年頃のことでしょう。やがて、数年が経ち、日本でも自然の重要性が増してきました。工場の建設でも緑化率が問われるようになっていきます。世の中の価値観も変わっていったのです。

最終的には、鹿島建設もサンデンフォレストのコンセプトをよく理解し、また、福留さんや近自然工法のなんたるかを調査した上で、施工に臨んでいただくことができました。環境部門のトップまでが現地入りし、尽力してくれた。良きパートナーとして、ともに完成に向けて頑張ったことが成功の決め手だと思っています。

ニコルさんとの出会いから始まり、そのニコルさんが紹介してくれた福留さんの思想と技術を生かし、さらに鹿島建設がその趣旨を理解し、施工に当たる。自分の力だけではできないことが、数々の「邂逅」によって実現できたのではないでしょうか。トップの仕事は、信頼して「任せる」ことですから、プロジェクトに関わった専門家や社員が獅子奮迅の働きを見せてくれたのは、経営者冥利に尽きますね。

挑戦・創造・貢献

数々の名言を残した渋沢栄一を例に挙げるとよく理解できると思うが、経営者の発する言葉は極めて重要だ。まして、サンデンフォレストのような巨大プロジェクトにおいて、関わるスタッフが理念や目的を共有し、同じ方向を向いて努力するためには、経営者の言葉がその牽引力となるはずだ。明確な言葉として指針や目指すべきものを表現することは経営者にとって必要不可欠な力と言っていい。

牛久保もそのことを重要視し、環境憲章やＳＴＱＣ宣言など、数多くのメッセージを発信してきた。牛久保にはコピーライターのセンスがあるのか、経験をベースにして、数々の名言を放った。従業員の指針とする力に長けていたのだ。

着工を前に、牛久保はスタッフとともにサンデンフォレストのコンセプトづくりに挑んだ。

さまざまな議論、アイデアの中から生み出されたのが、「挑戦・創造・貢献」であった。

オープンの2002年4月に
赤城事業所玄関前に設置された碑

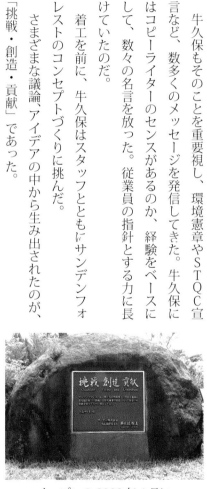

「挑戦」＝環境と共存しながらも高い経済効率の達成を追求する。環境への取り組みと経営はちゃんと両立することに挑戦する。

「創造」＝短い中期的な事業よりは次世代を見通した環境にやさしい事業の創造に取り組む。

「貢献」＝事業や生産活動を通しての社会貢献はもとより、サンデンフォレストの特性を活かし他企業には不可能な自然環境の保全と持続的利用の面で地域に貢献する。

「挑戦」「創造」「貢献」という言葉は、決して特別なものではない、むしろありふれたものだ。多くの企業が企業理念として使っている。３つの理念を「環境」一体として結びつけ、行動指針として明確に示したことに意義があるのだ。

前述したように、サンデンのコア技術は、ＩＴでも、バイオでも、宇宙でもない。冷やすことと暖めることをコアとした「環境」技術だ。だとするなら、徹底的に地球環境の保全と結びつける事業展開が理に適っている。自然愛好家であり合理的な経営者である牛久保だからこそ唱えられる「挑戦」「創造」「貢献」であった。

世界初の近自然工法を導入した環境共存施設だと謳ってみても、実効があがらなければ笑い者になるだけです。経済効率も環境対策もトップレベルに持っていこう。

豊かな自然環境の中で、環境を切り口に従業員が未来に向かってさまざまな挑戦や創造を行い、地域に貢献しようという思い。

ゴルフ場開発が頓挫して以来、長い時間の経過と紆余曲折、そしてさまざまな出会いや人々の支えを経て、ようやく着工に至りました。これまでの経緯などや将来ビジョンを考えたら、ごく自然に「挑戦」「創造」「貢献」という言葉が生まれ出てきたのです。

サンデンフォレストの入口に、「挑戦」「創造」「貢献」との文字を刻んだ石碑を設置しました。私が書いた文字です。碑の中には、カプセルが入っている。サンデンフォレストがオープンするとき、建設に込めた思いなど資料類を封入しました。10年ごとに開けて原点を再確認するとともに、新たな資料も加えていこうと考えた。オープンから10年後に当たる2012年に開封し、サンデンフォレストが間違った方向に向かっていないことをみなで確認し、再び閉じました。これを引き継ぐものたちにも、ずっと続けていき、「挑戦」「創造」「貢献」のコンセプトを見失わないでほしい。

これほどまでに、「挑戦」「創造」「貢献」という言葉に込められた思いが深いことを、いったいどれほどの従業員が自覚しているだろうか。

人の来ない会社に繁栄なし

サンデンフォレストはオープンから数年後には、年間1万5000人もの訪問者を集めるようになった。仮に予定通りに伊勢崎市三和町の工業団地に一般的な工場を建設していたら、ありえない数字だったろう。

サンデンフォレストでは、専用のプログラムを考案し、県内の小学生たちを対象にした環境教育、多彩な環境イベントを行った。環境教育には多くの子どもたちが集まったし、イベントにも家族連れをはじめ環境に関心を持つ人たちが多く集った。

もちろん環境対応型の先進的な生産施設にも取引先や取引を検討する企業関係者などをはじめ、多数の視察者がいた。

かつて手入れもなされず荒れ果てていた森は、手入れが行き届き賑わいもある森へと生まれ変わった。

3章で詳述するが、サンデンフォレストでは森林など敷地内を専門家として維持管理し、さらに森を活用したさまざまな活動に携わることに特化した子会社としてサンデンファシリティ㈱ECOS事業部を置いた。サンデン内の、例えば総務部などが担当すると、企業の論理が優先され、十分なメンテナンスや活動ができなくなってしまうことを、牛久保は恐れたのである。これは、数々の自然保護の現場を経験したニコルの提案から始まったことだった。

サンデンファシリティの社長を務めた石倉利雪は言う。

「『とにかく人を集めろ。人の来ない会社に繁栄はない。金なし人なし時間なしを言い訳にするな。だからこそ知恵が出るんだ』と、牛久保社長から毎日のように言われ続けた」

この意向を受けて、石倉らは地域の環境団体などをはじめ多様な諸団体と連携するなど、とにかく多くの人々を巻き込むことを念頭に置き、死に物狂いに活動にまい進した。そのために実に多彩なイベントを企画立案し、集客とPRに努めた。

当然、口コミなどでも評判は高まる。環境教育プログラムの一環で訪れた学校のほとんどはリピーターになり、イベントには多くの家族連れが訪れた。サンデンフォレストにおけるこうした活動は、サンデンのCSR（企業の社会的責任）活動でもあった。今でも新聞や雑誌、テレビなどの媒体でサンデンフォレストやそのイベントが紹介される機会は年間10回以上に及ぶ。これだけのPR効果を発揮する施設を持つ工場など他にあるだろうか。

この活動を通して企業のイメージアップにもつながったし、そして生産部門の視察は直接的に売り上げにも結びついたのはいうまでもない。これだけ環境に留意している企業なら、製品の製造を任せて間違いはないという考えから、取引に結びつく。

このようにサンデンフォレストを舞台にサンデンファシリティが仕掛けた戦略には、サンデンにとって有形無形の効果を生み出したのだ。

「人の来ない会社に繁栄なし」というのは、私の経営哲学の一つです。サンデンファシリティは私の想像を上回るくらいにネットワークを四方八方に張り巡らし、多彩な活動を行うようになりました。

多くの人が集まるようになった効果は非常に大きかったと思います。私は日々の会社運営の中でそれを実感した。サンデンが2000年代になってから、それまでを上回る成長を遂げたのはサンデンフォレストの評判が原動力になったと考えています。

特に印象深いのは、当時のトヨタの副社長をはじめとする幹部が何度か視察に訪れ、子会社も含めた役員向けの社内報にサンデンフォレストを紹介する特集記事が掲載されたことです。コンビニ関係や食品流通関係などを中心に国内外から多くの視察者が訪れ、視察→商談という流れもたくさんありました。投資効果は非常に大きかったと思いますね。

サンデンフォレスト＝人の集まる場所にしたいという思いに加えて、そこはもちろん従業員が働く場所でもあります。スタッフみんなで寛げる場所として、敷地内にコテージ（DUN-COYA ＝ Dream、Universe、Nature、Cotage of Young Associates）をつくりました。素晴らしい景色と会話を楽しみながら、みんなと一杯やるのが何よりも楽しかったね。DUN-COYAは、一般の人々が環境教育やレクリエーション、健康増進、セラピーなどの自主活動にも使えるようにしました。

最も眺望の良いところに設置した
DUN－COYA

第2章

誕生までの道程

苦難の道のり

サンデンフォレストの源流をたどると、1980年代にさかのぼる。すでに1973年には東証一部上場を果たしていたが、82年、米国に次いでシンガポールでもカーエアコン用コンプレッサー生産工場を稼働させ一層の拡大基調に乗り、社名を三共電器からサンデンに変更した。84年にCIを導入して新しいロゴマークを発表し、知名度も上がった。85年には資本金を104億円とし、100億円企業入りを果たし、経営には余裕が生まれていた。

時代がバブル経済に向かおうとしていた87年8月、群馬県粕川村（現前橋市粕川町）北部地帯の開発案件の話がもたらされた。荒れ地として放置されていた広大な土地の開発について、粕川村関係者から協力を依頼された。

この案件はサンデン開発㈱を中心に関連会社6社で推進することとなった。リゾート、住宅地、アミューズメント施設などの諸案の中から、地元雇用に貢献するという理由から、ゴルフ場開発が有力視された。しかし、サンデン開発がゴルフ場開発申入書を提案すると、推進派、反対派が村を二分する激しい抗争を繰り広げた。反対派による立木トラスト運動も広がった。こうした状況を前にして創業者の牛久保海平は言った。

「わが社の拠点づくりの基本は、地元、地域の人が喜んでほしいというところから出発している。地元が反対することをやってはならない」

こうして92年1月、サンデン開発はゴルフ場開発の中止を正式に発表した。

粕川村としてはゴルフ場開発は断念せざるを得なかったものの、この地域を塩漬けにするつもりはなく開発の意思に変わりはなかった。

同年4月、粕川村のゴルフ場予定地の再開発活動は97年3月までの5年間中止するようにという勧告書が、群馬県土地対策室からサンデン開発など6社に届いた。住民感情の沈静化を待つようにというのだ。

これらの経緯を受け、サンデンサイドは、ゴルフ場予定地の新展開を検討するための「K会議」（Kは粕川村の頭文字）を設置した。ここでの議論から大勢の反対を押し切って、89年に社長に就任していた牛久保雅美が工場の建設を決めたのは、第1章で述べた通りだ。

95年6月、群馬銀行監査役の堀越洋志がサンデン不動産の副社長して送り込まれた。堀越は法人部長や伊勢崎支店長としてサンデンとの付き合いは長い。以降、堀越が赤城開発プロジェクトの中心的存在として関わっていくことになる。サンデンは群馬銀行の全面支援を得て、社運を賭けた。

県から5年間開発活動停止勧告を受けていたため、表立った活動はできない。この間、堀越らは村関係者との結びつきを強める活動を続けていた。その後、村は県に開発要望書を提出。それを受け、サンデンでは取締役会で、粕川の土地開発を承認。このときから、赤城開発プロジェクトは関連会社ではなくサンデン本体による推進となり、後戻りは許されない状況となった。

プロジェクトの足かせとなっていたのは、県の土地対策室から出ていた事業中止勧告の行政指導である。連日のように県土地対策室へ説明や要請を繰り返した。

その結果、行政指導中断の勧告を受け取ることに成功した。

しかし、その内容は決して生やさしいものではなく、非常に高いハードルが記されていた。開発計画案の1年以内の提出、地元住民の協力として総面積90％、地権者数90％の同意書提出、転売禁止に加え、行政指導の中断は開発が地元に歓迎されることを前提とするが、趣旨に変更がある場合は行政指導中断を取り消す場合もあるとされた。開発計画案にしても作業量は膨大である。各種規制法をクリアした上で、埋蔵文化財の調査や環境調査も行わねばならない。地元住民の強力にしても、ゴルフ場問題のしこりが残されている以上、情勢は不透明というしかない。

状況は厳しいが後戻りはできない。進むしかない。開発計画書の作成と地元地権者の同意確保に全力投球した。堀越らは、厳しい条件を達成するためにがむしゃらに行動するしかなかったのだ。休日返上で、建設を担う予定の鹿島建設の担当者と計画案を練る一方、地権者との折衝に明け暮れた。

県への提出が義務付けられている「大規模土地開発計画協議書」は正式の事業計画書であり、20万坪もの広大な土地に関する開発計画書が一民間企業から提出されるのは、わが国で初めてのケースとなる。開発三法や埋蔵文化財の調査など法律の縛りも厳しい。抵触すれば受理されない。こうしたリスクを回避するため、条例では事前に大規模土地開発計画構想書を村に提出し、村長の意見を添えた上で知事に提出することが定められている。

この構想書の作成業務から、プロジェクトの運営は、サンデン１００％出資の赤城フィールド㈱に集結されることとなり、社長には新井和彦、副社長に堀越が就任した。

構想書の村関係者への説明会は合計で10回以上に及んだ。構想書では、自販機などの生産工場を中心とするゾーン、建売分譲住宅地ゾーン、温泉を利用した大型温浴施設ゾーンの大きく3つのゾーンからなるプランとなっていた。説明会では反対の声は上がらず、最終的に地権者、総面積の98％の同意が得られ、難関を突破した。村長も議会や外部に反対の動きがないため、構想書に賛成の意見を添付し県に提出することとなった。

これを受け、サンデンは97年6月、県庁記者クラブに新生産施設に関するニュースリリースを配布した。ここで、「自然環境を生かし、地元との共生も図れる生産施設」「挑戦、創造、貢献のコンセプトのもと『サンデン・フォレスト』と名づける」など、骨格となるプランを初めて発表した。

大規模土地開発事業構想書の次は、大規模土地開発計画協議書を県に提出しなければならない。これは前述した通り、行政指導中断の勧告書が出てから1年以内という期限付きである。

ここが一つのヤマだったと言っていいだろう。このプロジェクトに関係する県庁のセクションは20課40係に及ぶ。いかに膨大な作業量になるかが分かる。工場用地の切り盛り、防災、道路、駐車場、排水、植栽、調整池などについて完全な設計と工程を明示しなければならないのだ。また、開発三法の適用対象が80％以上となるため、国土庁、農水省。県農政局、林野庁への文書提出と承認も義務付けられていた。

サンデンフォレストのロゴ

ともかく、堀越を中心とするプロジェクトチームは大規模土地開発計画協議書の作成に没頭した。同時に、土地買収同意書の確保に着手した。その前に難題として立ちはだかったのが買収、造成資金の調達だった。当時は融資規制が厳しく自己資本の10％以内とされていた。必要となる資金120億円は群馬銀行からの融資に頼るしかなかったが、決して小さな額ではない。内部では慎重論もあったようだが、牛久保雅美によるグループ一体となって取り組もうという意気込みも評価され、融資が認められた。牛久保は当時を振り返る。

堀越さんは銀行マンのイメージを覆すような破天荒な男でした。膨大な構想書や協議書の作成、県担当者との厳しい交渉、土地の買収交渉など、それこそ目の前の障害物をなぎ倒すようにして前に進んでいった。彼なしではプロジェクトの成就はなかったはず。彼は銀行から出向してきた人物で、本来、サンデンのために力を尽くす義理はなかったはずだが、後には「サンデンでの人生が、自分の人生そのものだった」と語るほどの働きを見せてくれました。それというのも、彼もまたニコルさんに負けず劣らず自然を愛する山男だったからでしょう。私とはその面でも意気投合し、後にはともに百名山巡り、そして遠くキリマンジャロやネパールの山々にまで挑戦する仲となりました。本質的に自然を愛する心、そしてビジネスマンとして極めて高い実行力を併せ持った稀有な男です。

左から堀越洋志氏と中央が髙橋貢
（当時フォレスト担当取締役）

追い風となった米国「成層圏保護賞」

1997年5月、群馬県フロン処理センターの開所式で、米国環境保護局からお祝いメッセージが届いた。

群馬県は最新技術を導入した『フロン処理センター』を設立したが、地方自治体ではおそらく世界で初めてのことでしょう。群馬県が高性能のCFCリサイクル・破壊装置をはじめ、進歩的な環境保護技術を有する多くの企業に恵まれていることに対して敬意を評します。1996年に米国環境保全局は群馬県のサンデンに対し、カーエアコンからのCFC回収についての最新技術の開発と成層圏保護に向けての強力なリーダーシップに対し、『成層圏保護賞』を贈り表彰しました。地球環境保護のため引き続きご尽力されますことを願っております。

これが一つのターニングポイントとなった。「成層圏保護賞」の受賞については、すでにサンデン自らメディアに対して広報していたが、記念式典の出席者にとっては初めてのニュース。これを耳にした人たちに、「サンデン＝環境企業」というイメージが強くなり、以降、協力的な姿勢を見せるようになっていった。海外からの評価は、サンデンの価値を高めることにつながった。早い時期から環境に対する取り組みを、特に製品づくりにおいても行ってきたことが、功を奏したのであった。

粘り勝ち

さて、県から不備を指摘されることもなく受領してもらった「構想書」に続き、本試験となる「協業書」の提出期限が迫っていた。赤城フィールドと鹿島建設のプロジェクトチームは休日返上で深夜まで協議書の作成に取り組んだ。前述したように膨大なもので、チームは県の20課40係に及ぶ担当者と連日のように緊密な接触を続けながら、作業に没頭していた。このような協業書は民間企業として前例がないため、当然参考事例もフォーマットもないので、手探りである。

そして、１９９７年12月24日、提出期限の前日に大規模土地開発計画協議書の提出にこぎつけることができた。

協議書の提出というと、ファイルか何かに収められた書類というイメージを抱くかもしれないが、軽トラック2台分という途方もない量だった。造成工事の事業計画書の中では、大気汚染防止法や水質汚濁防止法、騒音規制法、群馬県公害防止条例の規制対象となる施設を明記した上で汚染物質の処理や環境基準内に維持するための措置といった公害防止計画も詳細に説明していた。

開発区域の中に、ビオトープを入れる可能性もあったため、開発事業計画書の中には「この部分は修正することもあり得る」という一文も加えられていた。

協業書提出後、群馬県との折衝は順調に進み、見通しは明るかった。98年7月、大規模土地開発承認申請書を提出、そして同年11月には許可証が交付された。こうして新たな土地買収が可能となった。

この時点で、ゴルフ場用地として買収できていた土地は3万8800坪、わずか総面積の19%にすぎなかった。サンデンフォレスト用地の20万坪を確保するためには、支払い済みの未登記土地、一部支払いの土地の登記を進めなければならなかった。そして、さらに約5万坪を買い足すのである。これらを合わせて81%に及んだ。

さらに面倒なことに、買収予定地の中には、農林省・関東農政局が管理している6本の道路（公道）があり、予定地を全てサンデンが買い取らなければ公道が払い下げにならないというのである。総延長10キロメートル、８０００坪の公道を手に入れることができなければ、サンデンフォレストの造成は不可能になってしまう。

土地買収は一筋縄にはいかない。地権者が死亡または行方不明になったために、正式に相続手続きが行われていない。地権者と利用者が別人で、前者が同意しても後者が拒否、共有林の一部所有者の反対で全部が買えない。こうした数々の難局に直面した。また、１００坪の土地を20人の名義で登記、買うなら全員が契約に応じるという申し入れなど、悪質なケースも現れ、相手にせず買収対象から除外せざるを得なかった。

こうした厳しい状況があったにもかかわらず、99年11月までに土地買収に成功した。そして、大蔵省関東財務局に官有地の道路の払い下げ料を納付することができた。同局の担当者は驚嘆した。

「信じられない。まるで奇跡だ」

背景には、局面を変えた大きな存在があった。

価値を高めたニコルの参加

赤城山南山麓に生産施設をつくる。そして、それは決して通常の工場ではなく、自然を生かす施設だ。

牛久保雅美にはこうした理念はあったが、具体的なイメージは抱くことができなかった。そんなとき、牛久保が思い至ったのがC・W・ニコルだった。

１９９３年に最初に出会った後、雑誌「プレジデント」の対談などを通じて互いの考えを交換し、交流を深めた。

そこで、意気投合した。

ニコルは自然保護運動家として知られているが、開発全てに反対する原理主義者ではなかった。

「人間が自然と共存するためには、自然を管理したほうがいい」という主義のニコルの考えに、牛久保は目を見開かされた思いだった。牛久保は環境を重視し、優先する考えを経営と製品に反映させる志を持っていたが、一方で、自然に手をつけないことが環境保護の基本姿勢だと考えていた。ニコルは、むしろ自然に対し積極的に手を加えていかないと守れないという主義だったのだ。

牛久保の招きに、ニコルは喜んで赤城山南麓を訪れた。98年2月22日、底冷えの寒い日だった。ニコルは造成予定地を2時間かけて歩き回りながら、つぶやいた。

「ひどい森だ。死んでいる。手入れのゆきとどいていない木の畑だ。しかし本気で手を入れれば生き返るだろう」

立木トラストの札が貼り付けられた弱々しい杉の木が並んでいた。古い家具や家電の不法な投機場にされ、せせらぎに水の生物は見られなかった。

ニコルが表現した「木の畑」とは何か。

サンデンフォレスト造成前のような荒れ果てた林地は日本中のどこにでもあるような風景で、ありふれた里山である。戦後、材木需要が旺盛だったころ、将来的な経済的価値を見越し、森林の所有者がスギやヒノキなどの針葉樹を植林した。しかし、数十年経って伐採期の80年代を迎えると、日本の材木市場は安価な外材全盛となり、国産材は高級材木を除き、競争力をまるで失い商品とはならなくなっていたのだ。出荷しようにも手間賃にもならない状況となり、間伐などの手入れもされないまま放置されるケースが普通となった。経済価値がないばかりか、高齢化や過疎化もあり、スギやヒノキなどの森林は荒れるに任せるしかなかった。

視察を終えるとニコルは言った。

「荒れた土地だが、広さは十分、しかも起伏があって地形もいい。それに沢もある。近自然工法を導入すれば、美しい森に生まれ変わる」

そして、地域住民との対話集会に臨んだ。会場に集まったのは、粕川村の松村慶作村長（当時）をはじめ区長、村会議員など40人ほど。

挨拶に立った松村村長は言う。

「この村の開発には、まず山を治めなくてはならない。村民が働く場を得て、同時に自然が守られる、そんな開発方法をサンデンに期待している」

続いてニコルが語る。

私はウェールズ生まれだが、いまは日本国籍を取った毛色の違った日本人。日本の未来を心から心配している。私がいま一番追っているテーマは経済と自然の調和だ。この村の若者がみんな村を出ていったら村はどうなるか。若者が住みつくような開発は可能だ。自然を壊さずに自然を維持し、もっと良くする開発はできる。人は誰でも美しい土地に住んで、きれいな水を利用したい。日本人の一人として日本のために貢献したいと考えている。

今回の開発がゴルフ場だったら私はここに来なかった。牛久保さんが「きれいな森を作り、その中に工場を建て、残りの自然をもっと良くしたいから知恵を貸してほしい」と言ったので、ここを訪れた。私は牛久保さんの信念を信じているが、経済のために環境を軽視するようなことがあったら、友だちではあるが許さないだろう。私はサンデンに雇われてはいない。

私は今後サンデンがこの村の開発のためにどんなことをしたらいいのかについて、リポートを書き牛久保さんに送る予定だ。これは決して秘密のものではない。牛久保さんに見せてもらったらいい。

ニコルは経済活動と自然環境の共生を熱く語った。そして、ニコルと牛久保が固い信頼関係で結ばれていることを、その場にいた地域の人たちは、ニコルの語り口から実感した。この対話集会に参加した人たちの間から、開発事業に対する反発や疑問の声は一切出なかった。

これを機にサンデンによる土地買収の成約は俄然勢いを増していった。ニコルと牛久保の熱意が地域を動かしたのだ。牛久保はこの時の対話集会のことを今でも鮮明に覚えている。

サンデンフォレストのプロジェクトにおいて、対話集会におけるニコルさんの演説が大きなターニングポイントだったと言えるでしょう。それまで住民の反対の声は極めて大きかった。恐らくだが、ゴルフ場を提案した企業だから、工場建設についても信用度が低かったのではないか。ところが、環境保護活動家のニコルさんが理路整然と、しかも熱い情熱を持って聴衆に語りかけると、場の雰囲気は一変。以降、地元の反対は急速にしぼみ、難航していた土地買収もすんなりと進みました。

ニコルからの手紙

視察から1週間後、牛久保のもとにニコルからＡ４用紙19ページにも及ぶ長文の手紙が届いた。

「粕川サンデンフォレストに関する提言」とのタイトルから始まる文書には、新工場に関する具体的な提言がぎっしり。そこには、「針葉樹林を混合林につくりかえる」「木の遊歩道をつくる」「コンクリートの池をつくるな」「池の中央に小さな島をつくる」「カヌー遊びができる池づくりを」「有機菜園をつくれ」「スポーツ広場に公園の雰囲気を」「太陽光発電で電力を自給」などの提言が盛り込まれていた。

牛久保はその具体的で斬新な提言の数々に驚かされた。

主なポイントについて見てみよう。

「針葉樹林を混合林につくりかえる」

予定している用地は手入れが全くなされていない荒れた森だった。ニコルは針葉樹林の間引きを強く勧めている。2～3年かけて20%、30%、70%という割合で間引いていき、最高のスギだけ残す。空いたところには広葉樹を植え、ヤブもある程度残す。小鳥たちが巣を隠せるようにするためだ。木の実や果実をつける木が増えれば、自然と鳥や小動物が集まってくる。

「木の遊歩道をつくる」

急斜面の森には、その間の通り抜ける遊歩道を木でつくったらどうかという提案。そこで使う木は造成時に出る間伐材を利用する。従来の遊歩道と比べて土の侵食を防ぐので、利用する人が増える。

「コンクリートの池をつくるな」

サンデンフォレスト内に小川を復活させるのなら、コンクリートにせず小石を使って堰や池をつくること。イワナなど河川に生息する魚が棲みつくようになる。混合林への移行が進むに連れ、小川の浄化も進む。石を用いた滝や池をいくつもつくれば景観も良くなるし、小さな川魚やホタル、その他の野生動物が増えるのは間違いない。

「スポーツ広場に公園の雰囲気を」

北の広大な牧草地は多目的スポーツ広場として整備する。アーチェリー場として整備すれば、価値が高くなるだろう。日除けの樹木としてハンノキやニセアカシアを植えると、公園としての雰囲気も漂ってくる。

「太陽光発電で電力を自給」

日照時間が日本の中でも多い赤城山南麓地域。工場の屋根に太陽光発電パネルを設置し、サンデンフォレスト内での電気消費の何%かを自給できれば、環境配慮型工場として評価されるだろう。

　こうしたニコルの提案は、単なる夢物語ではなく、莫大な経費を要するものでもない。自然を蘇らせ、さらに人間にとって快適な景観と空間をつくりだす

電力の５％をまかなう太陽光パネル（300KVA）

ヒントが込められている。

さらに、ニコルはこれらの提言を実現するためには、スイスで生まれた近自然工法が良いとした。その工法の専門家として福留脩文を紹介した。

牛久保はこのときの提案を振り返る。

ニコルさんの提案の一つに「針葉樹林を混合林につくりかえる」というものがありました。ニコルさんは森づくりのプロですから、混合林の強さや美しさを熟知していたのでしょう。私もまた山歩きが趣味でしたから混合林の提案は自分の経験からも納得できるものでした。同時に経営者として人材育成に力を入れる立場からも、組織というのは多様な人材が混在して初めて力を発揮できるということも良くわかっていました。均質な人材だけでは組織は弱体化します。「混合林」が重要だというのは、森林でも会社組織でも同じなのだと納得しました。

福留脩文という男

福留は、東海大学工学部土木工学科を卒業すると、父親が経営する土木建設会社に技術者として入社。福留は学術的な側面と現場技術を両立する河川技術者である。その後、1973年、高知市で西日本科学技術研究所を設立した。環境計量証明や建設コンサルタントを業種としていたが、スイスにおける自然復元の事例を視察したことからインスパイアされ、近自然工法を日本に紹介した。

以来、西日本科学技術研究所が日本における近自然工法の第一人者として、シンポジウムの開催とともに実際に近自然工法による河川の改修や自然に配慮した登山道の整備、都市公園整備など多くの実績を残した。最大の功績として、近自然工法の導入により、日本の河川工事の方法と河川環境を大きく変えたことで知られる。

かつてニコルは、自分が暮らす長野県北部を流れる鳥居川が防災工事によってコンクリートに固められてしまうことを知った。福留の力を借り、ともに建設省（現国土交通省）に訴え、その考えを変えることに成功し、近自然工法によって美しい川を守り抜いたという経験を持つ。

ニコルは福留のことを「日本でトップクラスの建設の専門家であり、自分の人生を、損害を受けた川に生命を戻すことに捧げるナチュラリストだ。自然を殺すコンクリートの壁を取り除き、天然の岩や石を上手に組み合わせて、互いの圧力で結びつくような工法を使う」（『アファンの森の物語』C・W・ニコル）と評す。

牛久保はニコルの提言に基づき福留の力を借りようと即断した。牛久保の指示により、サンデン関係者が初めて福留にアプローチしたのは98年3月のことであった。堀越と担当役員である高橋貢の二人が高知市の西日本科学技術研究所を訪れた。

二人は、サンデンフォレストのプロジェクト概要を説明し、福留の力を借りるようにというニコルの提言を伝えた。

「伊勢崎にある当社工場を赤城山麓に移転することとなり、関係官庁への開発申請も佳境を迎えている。しかし、ここにきて当社の経営者が計画を根本的に見直すと言い出した。64ヘクタールに及ぶ土地開発において、われわれは当初から自然との調和を考えて計画してきた。しかし、牛久保社長が招いたC・W・ニコル氏が造成予定地を見て『近自然の考えを導入して、計画全体を見直すほうがいい』と提言した。ニコル氏は福留氏の助力を得て検討してほしいと言った」

福留は近自然工法の要点を話し、自らが参画する条件を出した。

「近自然工法の特徴は、コストをかけた部分が目に見えない点にある。そのコンセプトを経営者が理解し、本気で取り組まねばならない。そして、施工する建設会社がこちらのコンセプトを認め、その意志を確約書にすること。さらに、工場敷地内には周辺の緑地帯、森は赤城山系の植生を採り入れること」

福留との初会合は、参画条件の説明を聞いただけで終了した。福留側は、民間企業であるサンデンがこの条件を受け入れることはないだろうと考えていた。

福留はのちに振り返っている。

「民間事業で、しかも計画、調整、開発申請と、すでに随分と手間ひまかけてきた様子。いまさらその計画を生態環境の視点から見直し、根本的に修正するのは到底無理。これきりだろうと思った」(『近自然の歩み—共生型社会の思想と技術』福留修文　信山社サイテック)

福留の読みは、間違っていた。

サンデンは牛久保を含む幹部会で福留の提示した条件を受け入れることを決めたのだ。再び高知を訪れた堀越と高橋は、条件の受け入れを福留に告げた。そして、牛久保との会談のために上京を要請した。

同年4月下旬、サンデン東京本社で牛久保と福留は初めて邂逅した。福留は牛久保が近自然工法を評価し、導入を本気で考えていることを知った。牛久保は福留に現地視察を要請した。

3週間後の5月のある日、福留は赤城山南麓のサンデンフォレスト造成地に立った。

現地に立って初めてその広さを体感した。東京ドームのほぼ15倍という。敷地中央は広大な面積を牧草地が占め、一部に倒壊しかけた旧鶏舎が見える。その縁辺に数軒の民家と畑地、それを村の林地がぐるりと取り巻いている。その林縁は様々な灌木・高木の樹種で覆われているが、なかは一歩入ると手入れされずに放置された杉の植林で、まさに「木の畑」である。この中を流れる沢に沿って歩いても、生き物の気配すら感じない。この土地にいま、新しい工場建設のプランが描かれている。

そこで改めて造成計画を見直すと、その基本概念は概ね次の通りである。工場施設の中心は、馬の背状の中央部大斜面にコンクリートの高擁壁を数段築き、切土と盛土でこれを雛壇状に平に均す。その区域は35ヘクタールの堰堤を擁する約5ヘクタールの防災調整池3つが取り囲む、というもの。

大した計画である。しかし、その中で生体環境の視点から問題を探ると、およそ次のことがあげられる。まず敷地周りに残す林地の過半は集約的な人工林というのが現状で、なお宅盤を配する中心部は無機的な構造で仕切られ、さらに南北に通る二つの沢は調整池の高堰堤がその上下流を分断する。これでは土地全体に整体的な自然要素の発展する余地がない。もしこの根本的なことを改善できれば、その時初めて近自然工法の出番はある。利益優先の民間企業にどこまでそれが許容できるのか。規模が大きい分、半端な妥協では済まない。(『近自然の歩み—共生型社会の思想と技術』福留修文　信山社サイテック)

福留は、民間企業の事業として比類のない規模に驚き、造成計画の根本的な見直しがなければ、近自然工法の出番はないと断じた。民間企業の限界を理解しつつも半端な妥協はできないという決意を述べたのだ。

近自然工法の導入を決断

サンデンフォレストの開発計画について県の各担当課と続けてきた協議も１９９８年７月には終了し、「大規模開発承認申請書」を土地対策室に提出することとなった。福留が現地視察を終えてから間もないタイミングであり、この時点では近自然工法はどこにも書かれていない。とはいえ、福留の起用は牛久保の頭の中では決定していたし、ビオトープの造成は絶対条件だった。それに備えて、防災調整池を周囲に3カ所設けることを申請書に加えた。鉄とコンクリートで固められることとなっている調整池は、工法を変えればビオトープ化も可能だ。

翌年3月、申請書が承認され、いよいよ着工を待つばかりとなった。しかし、社内には反対勢力も少なくなかった。サンデンにとっても大きな投資であり、ある意味、社運が賭かっていた。

牛久保は新工場建設チームから、成功に向けて一丸になれないメンバーを入れ替えることを決意、メンバーを一喝した。

「サンデンフォレストのコンセプトを理解できる人間にだけ汗を流してもらう」

新チームのリーダーには、当時の製造本部長だった鈴木一行が指名された。後に社長になる男だ。

牛久保は96年の取締役会で開発計画が承認され、構想書、協業書、申請書と一連の手続きも首尾よく進んだ以上、ためらう必要もないと考えていた。そして、土地買収の見通しも立ち、99年11月には福留と実行を前提とした具体的な協議に入った。

初めての協議は、前橋市内のホテルに泊まりがけで行われた。この場で、サンデンサイドは福留のコンセプトを全て受け入れ、新たな基本方針を定めた。

①残地森林は間伐を進め、土地の自然植生に近い森に転換する。

②工場の予定敷地は極力減らさず、総延長１キロメートルのコンクリート高擁壁は全て撤去し曲面を持つ盛土形式に変更し、法面は周囲の緑地に連続するように植栽する。

③防災調整池の高さ15メートルの堰堤はコンクリートではなく石積み形式にしてもよい。また調整池の斜面上部は単に法面保護の草地ではなく、ビオトープの森として造成する。

④この新方針のために従来の工事費予算にベット予算を計上する。

こうして民間による初の近自然工法を導入する大規模プロジェクトの誕生が決まった。野生動植物の生息地を意味する「ビオトープ」という言葉も初めて使われた。

年内のうち、さらに2回の協議を開き、基本設計、さらには全体の実施設計が完成した。建設会社の選定はコンペ方式を採用し、２０００年2月、鹿島建設に決まった。同社は、開発事業構想書を提出する際にはサンデンから設計図作成を依頼されたこともあり、プロジェクトのコンセプトをよく理解していた。また、地元の佐田建設とＪＶを組んだということも勝因の一つだ。当時の佐田建設の社長、佐田武夫はプロジェクトの地元、粕川村の出身だったのだ。

コンペでは設計変更前の当初案と最終設計の2パターンの見積もりの提出を義務付けたのであるが、参加した4社の見積もりは全て近自然工法を取り入れた最終設計の方が、10％近くも安価になっていた。これは牛久保を驚かせた。コンクリートを使わない分、コストが低くなったのである。環境に配慮した建設物＝コスト高という先入観を覆すものだった。

実施設計案がまとまる

サンデンと福留が詰めた最終的な実施設計のポイントを見てみよう。

基本方針に基づき、工場の配置をはじめ、道路や水路、緑地、調整池などが、生態学的な環境復元や人間居住空間の視点から見直された。

一つ目は、敷地全体を冬の北風から守るデザインとしたこと。特に宅盤の造成工法は、直線直立型の無機的な雛壇様式を廃し、土地在来の潜在植生を回復し、四季が感じられる空間を創出する。

次に、宅盤や道路の線型、法面に自然地形が持つ緩やかな起伏を導入し、生態学的な環境を多様化させ、見た目にも柔らかい景観を創り出す。

高さ15メートルに及ぶ調整池のダムは、単なる修景とは異なる生態学的な改善を試み、サンデンの森のシンボルとして、企業のアイデンティティを示すものとする。

調整池の水域はトンボや鳥などの楽園とし、また、計画高水の水位から上の斜面は種子吹き付けによる法面保護草地に変え、周囲の森林計画の概念を導入する。

工事が終了しても自然の遷移に終わりはない。人間と自然の共生を目指す等事業の全過程を記録・保存し、工事完成後

開発前（1997年）

造成工事スタート（2001年）

もそれらの持続的な発展を支える事業を継続していく。

この実施設計は、当初案と比べると、工場宅盤の面積が３５００坪ほど減少している。しかし、その反面、敷地全体に森林面積が増大し、質的にも自然に近い緑地を回復、再生することにつながる。しかも造成費用も大幅に削減された。

２０００年３月、長い年月を経て、ようやくサンデンフォレストの本工事がスタートすることとなった。

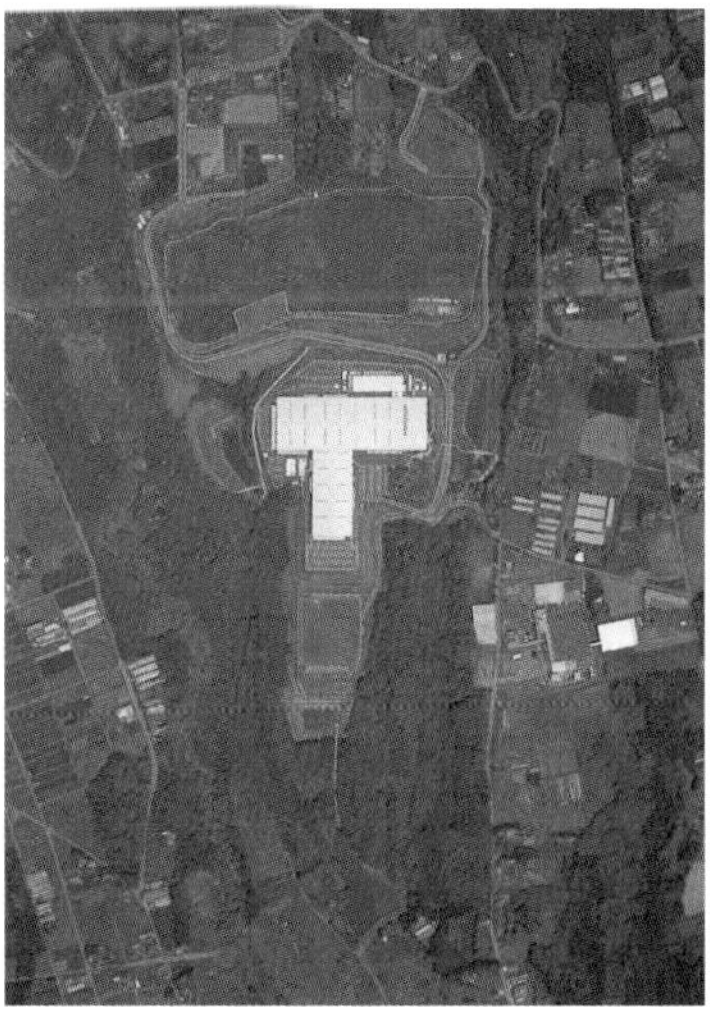

第１次計画完了時（2002年）

古代から先端技術が息づいた地

工事スタートといっても、まずは埋蔵文化財の発掘調査が必要である。文化財保護法によって義務付けられている埋蔵文化財の発掘調査は、2000年4月から翌年5月まで約1年がかりで行われた。

その成果は予想以上のものだった。

竪穴住居跡176、土坑群跡984基、炭窯跡21、製鉄路跡1、掘立柱建物跡9、縄文時代陥し穴群280、縄文時代と平安時代の集落跡、無数の石器・土器片など。なんと軽トラック30台分にも及んだ。

調査を担当した粕川村教育委員会の「発掘調査実績報告書」を紐解いてみよう。

9世紀初頭と想定される竪型製鉄炉と関連する鍛冶遺構等からなる製鉄関連遺構がセットで発見されたのは特筆すべきもので、炭を燃料としていたと見られる。製鉄炉といえば、鉄が希少だった当時、最先端の製造工場だったことになる。1000年以上の時を経て、再び先端的な工場として生まれ変わることとなったのは非常に興味深い。

造成と同時進行で始められた文化財発掘調査

まとまった集落跡が発掘された。それは、8世紀から10世紀にかけて周辺地域では台地水田の開発によって集落経営が行われていたことを物語る。

皇朝12銭の一つである「隆平永宝」が出土した。これは所有者のステータスを表すもの。

さらに律令制下の位階制に関わって用いられた銅製・石製の帯飾り、通常は寺院跡や役所

サンデンフォレスト展示コーナー・出土品

工場内で出土品展示

サンデンフォレスト「森の教室」にコーナー

前橋市粕川町

サンデン（伊勢崎市）は、前橋市粕川町のサンデンフォレスト内にある小学生社会科見学用教室「森の教室」に、同敷地内から発掘された文化財を展示するコーナーづくりに乗り出した。市教委の特別許可を得て借用書を交換、縄文土器や石器、製鉄遺跡出土品など約五十種類を展示する。同市教委文化財保護課によると「民間に土器など出土品を貸し出すのは初めて」という。

サンデンフォレストは、自然と産業の共生を基本に、周囲の自然を生かした工法で造成された生産拠点。二〇〇二年オープン以来、工場ゾーン（赤城事業所など）以外の部分を生かした環境教育・環境体験の取り組みを積極的に展開。〇四年度に社会科見学で訪れた小学校は二十校、児童は約千九百人に達している。

文化財展示コーナーは、敷地北にある体験施設「森の教室」内に設けられるもので四月末にも完成する。

展示されるのは、サンデンフォレスト造成時に発掘された中之沢室沢遺跡群から出土した縄文土器、同遺跡の製鉄遺構（平安時代）から出土した遺物など約五十種類、土器片や石器片などを含め二百点になる予定。実際に、土器片に触れることもできる。今後、市教委文化財保護課の協力でパネルや解説板も設置される。

同遺跡からは縄文時代の集落、落とし穴、平安期の製鉄遺構などが出土した。同課は「特に標高四百㍍を超える地域でこれほどの集落や製鉄遺構が見つかるのは珍しい。展示コーナーができることで、地域の歴史について学べるのでは」と期待している。

見学は小学生の社会科見学や団体研修などが対象。問い合わせはサンデンファシリティ（☎027・285・3225）へ。

出土品の展示作業が始まった森の教室

2005年3月30日上毛新聞掲載

跡から見つかる灰ゆう陶器なども出土した。これらが発掘された意義は非常に大きく、この地域には中央政権と何らかの関わりのある人が住んでいたことが想定されるのだ。

縄文時代の異物では黒曜石が発見されたことが興味深い。黒曜石は産地が限られている。縄文時代にこの地で暮らしていた人たちが遠方と交易していたことを物語るものだ。

発掘文化財の所有権は、法律により自治体に属する。今回発掘作業が行われている中、文化庁は「発掘文化財の扱いについて」と題する通達を出した。

文化財は自治体の所有物ではあるが、全国どの自治体も保存と管理に手を焼いているのが現状であった。処置に困り、元の場所に埋め戻す自治体さえある。こうした事態を解消すべく、文化庁は「できる限り出土した場所に展示するのが本来の姿であり、その方向で努力すること」とした。

この通達を根拠として、サンデンフォレストで展示できるよう群馬県から許可をもらうことができた。

こうしてサンデンフォレスト完成後には、出土した文化財のうち価値の高いものを選び、管理施設棟の1階「森の教室」に展示することとなる。

近自然工法を可能にした石と木

前述のように最初に県に提出した申請書は、福留の提案を受け入れ近自然工法の採用を決めた後、設計・工法を根本的に見直したため、改めて県の認可を取得する必要があった。着工認可の知らせは２０００年1月にあった。ゴルフ場開発の中止から8年、サンデンフォレスト開発計画の取締役会での決定から4年7カ月の歳月が流れていた。プロジェクトに関わっていた牛久保はじめサンデンの社員、そして福留らの喜びはひとしおだった。

若干の準備期間を経て、同年3月、いよいよ着工の時を迎えた。

福留は頭を悩めていた。

近自然工法には、石と木が欠かせない。

木はサンデンフォレスト用地内にあり余っているものを用いればいい。

しかし、石はあるのか。掘ってみないと分からない。もし石が見つからなかったら、どうすればいいいか。

運は福留に味方した。

重機で整地を始めると、小中の石からはじまって１００㌧級の巨石まで、これでもかと言わんばかりに発見された。

その数、およそトラック4500台分。

これらの石は、関東地方のトラックが活発な時代に、火山灰とともに赤城山麓に堆積した火山岩塊や火山弾と呼ばれる火山砕屑岩だ。福留の苦悩は杞憂に終わった。木は密植されたスギの人工林から約2万本を伐採し、良質の間伐材を大量に調達することに成功した。

ふんだんに石と木が手に入ったことは、福留を奮い立たせた。

構造施設または自然復元施設の目的や規模に応じ、多様な材料を使い分ける工法が可能となった。例えば、ロックフィルダム案もあった調整池堰堤は、貴重な沢を極力残すコンクリートダムとし、周辺環境との生態学的な分断を回復する火山岩塊の石垣を本体に付設する。また急崖斜面への取り付け水路は、擁壁に緑化ブロックを用いて、その法頭や法尻にビオトープの小中石を配置し、修景的にもデザインする。それに付帯する遊歩道の路側は、間伐材とハンノキの植物護岸工法で仕上げることができた。

その中のひとつ。高さ15メートルの調整池堰堤は小規模化できないと決まった時点で、私はダムを近代文明のコンクリートで、その取り付け部に赤城山麓の自然「立地」を物語る火山砕屑岩で象徴したいと思った。(『近自然の歩み　―共生型社会の思想と技術―』

福留脩文　信山社サイテック　２００４年）

福留は赤城山麓の立地を象徴する火山砕屑岩が多量に使えたことに満足していた。ダムの取り付け部分にこの砕屑岩の石垣を付設することができ、コンクリートの醜さと冷たさを和らげることができたのだ。

福留は火山砕屑岩を「宝物」と呼んだ。福留の喜びがうかがえる。

福留は「土佐積み」の技術を採り入れた。この技術は土留石積工法の「崩れ積み」の一種。日本では４００年以上前から使われてきた。この積み方は、力学的には極めて安定した構造であり、石の表情を巧みに引き出すのが特徴だ。「法かえし」が個性的で、高知県内では道路や河川の修復などで多くの事例がある。

サンデンフォレストでは、三つの調整池のあらゆるところに「土佐積み」の石垣が使われる。施工す

土佐積みの堰堤

るのは、福留が高知県から連れてきた土佐積み職人たちである。彼らは最少限の重機のみを用い、ほとんど金こて1本で作業をした。鹿島建設や県関係者は防災の観点から、「安全が保障されない」との理由で強く反対していた。

しかし、このときもまた成層圏保護賞と同様に強力な援軍が現れた。

有名な登山家の田部井淳子である。田部井が全国紙に寄稿したエッセーの中で、石積みで整備された大雪山の登山道を、自然が守られ登山家にとって心地よいとの理由から高く評価した。

このエッセーが県の担当者の目に止まった。興味を持って、石積みを施工した業者を調べたところ、福留の会社、つまり西日本科学技術研究所だったというのだ。県は土佐積みの実例を調査した上で、その強度を確認し、施工法導入を認めた。

土佐積みの遊歩道

日本一のビオトープを創る

ビオトープとは、「多様の野生生物の繁殖・生存する空間」を意味する造語だ。サンデンフォレストのプロジェクトにおいても、ビオトープはなくてはならない重要なアイテムであった。プロジェクトにおける重要性を共有するため、２０００年６月には伊勢崎本社において福留が「近自然工法とサンデンフォレストに対する考え方」と題する講演を幹部に向けて行った。

近代土木工事は自然生態系を壊した。川を三面ともコンクリートで固めたため、川の動植物が棲みつかなくなった。生命は太陽の陽が当たる水際に光合成で発生する。スイスでは１９７０年代から生物多様性に配慮した工法を国が推奨している。私は１９８３年から取り組んでいる。人間は自然を創れない。だが自然に近づける技術を導入すれば、自然は元の生態系を取り戻す。サンデンフォレストの植生を単一ではなく複合にして開発前より生物の多様性を高めたい。森の境界線は生態系維持にとって非常に重要。直線上に造成したらいけない。自然界に直線はない。境界線を最後に仕上げるのは動物たちと風である。サンデンフォレストの道路との境界線の内側１メートルだけを年間７回刈るようにしたい。サンデンフォレスト内の小川はまっすぐにはしない。流れが遅くなるように小さな入江を数カ所につくる。

講演を聴いた中堅幹部たちは、ビオトープと近自然工法の奥深さを知った。福留を招いた牛久保の意図がよく理解できた。

牛久保はビオトープづくりに情熱を燃やし、部下たちに号令をかけた。

「工場は何回でもつくり直せるが、ビオトープはそうはいかない。ビオトープには出費を惜しむな」

牛久保自ら全国のビオトープ巡りを始めた。名古屋にある民間企業の施設、新潟県柏崎市の近くにある民間リゾートホテルにも足を運んだ。しかし、牛久保の心に響いてくるものは見つからなかった。

牛久保は、日本一の民間によるビオトープのある生産施設の造成を決意した。牛久保の脳裏には、ニコルの提言が刻まれていた。混合林や木の遊歩道、

東調整池のビオトープ化造成工事

脱コンクリート、池の中に小島といったニコルのキーワードは、福留も共有していた。

福留は、工場や事務棟を取り囲む東西2つの調整池の造成に近自然工法を巧みに取り入れた。

調整池はサンデンフォレストエリア内に降る雨水による水害を防ぐことが目的だ。同地内の標高は最大で483メートル、最低で418メートルと高い。雨水による土砂、濁水の流失を域内で調整しなければならない。県の防災条例によると、池底から東西の調整池はそれぞれ15メートルの高さを保たねばならない。これは農業用ダムと同じ基準なのだ。100年に1度起きるかどうかという想定外の豪雨に備えての規定であった。池の周囲も約1キロメートルと長く、むしろ湖に近いイメージだ。東の池は2キロメートル西南にある山伏川に流れ込み、西の池は300メートル南にある大林沼を経て山伏川に達する。

調整池の堰堤は法的規制によりコンクリート造りにせざるを得なかった。しかし、取り付け部分に石積みを施し、コンクリートが地面から生えてきた

土佐積みの石壁を覆う植生の再生

ような場面をなくした。さらに、堰堤の表面緑化として金属製の鋼につる植物を這わせる手法を採用した。池の水際は石で保護し、水生植物が繁茂するようにした。

自然環境の保全と再生には細心の配慮を払い、キーワードは「赤城山系の樹木と植物以外は立ち入り禁止」とした。

用地内の森林はスギの植生林と雑木の広葉樹林が中心で、その面積は約9万坪に及ぶ。うち40％を残置林、23％を造成林として再生する工事に取りかかった。

里山の象徴種であるキンランの群生

福留の頭を悩ませたのが、赤城山系雑木の苗をいかに入手するか。種苗店ではほとんど見つからなかった。もともと雑木は商品価値が低いので、専門店にはよく知られた人気樹種の苗が多く、雑木は店頭に並べられないのだ。

嬬恋村にある県立種苗場に、ようやく数種類の苗木を発見できた。さらに作業員たちは県内の山林農家をまわり、雑木の苗木を副業で育成している人たちから入手した。その雑木の苗木は54種類、3万本に及んだ。
植え付けは、競争入札によって16の植木業者を選定し依頼した。造成林を16区画に割り、選ばれた業者が植林した。1業者にせず細分化したのは活着率を高めるためだった。植えた木が枯れることは業者にとってあってはならないことであり、業者は職人のプライドをかけて取り組んだ。

福留の指導によって、造成林は見事な混合林に生まれ変わった。自然界には直線と単一は存在しない。多種類しかも大中小の赤城山糸臓器で再生された2万坪に及ぶ造成林は、その内と外側が区別がつかない調和で結びつけられた。まさに近自然工法の真骨頂と言えた。

伐採した木2万本に対し、植えた木は3万本に及んだ。間伐されたスギは近自然工法の素材として6キロメートルの遊歩道にチップとして使われた。3万本の木の活着率は極めて高く、20年近くが経つ現在でも健在である。

一方、ビオトープ化された2つの調整池はどうか。

西ビオトープのゲンジボタル

メダカ、フナ、コイなど多種類の魚や野鴨などが棲みつき、夏になるとゲンジボタルやヘイケボタルの乱舞が見られる。元来、赤城山に自生していたキンラン、ギンラン、シュンラン、エビネなどの希少植物も増えてきた。

サンデンフォレスト造成の総事業費40億円のうち、ビオトープ化関連で1億5000万円を要した。造成時に出てきた石と間伐した木は全て近自然工法の素材として利用したので、廃棄物を出さなかったことが大きな特徴。いわゆるゼロエミッションで、施工面においてもエコを徹底することができた。

トップクラスの生産施設を

次に生産施設について見てみよう。

再び時代をさかのぼる。1997年10月、牛久保公平をマネージャーとする新工場プロジェクトチームが立ち上がった。新工場が解決すべき課題として、①自販機の大型化、業容拡大、生産性向上、部品内製化による一貫体制達成で大幅なコストダウン、②多品種小ロットによるフレキシブルな生産対応、③塗装工場の内製化、④働きがい、喜びを覚える職場、などが挙げられた。そして、基本コンセプトとして

「21世紀に向けたサンデン独自の新生産システムによる世界トップクラスの工場構築」を掲げた。

コンセプトの具現化に向け、チームは国内の先端工場の視察調査を開始した。トヨタ、日産、マツダ、コマツ、アマダ、村田機械、コクヨなどの工場に足を運んだ。これらの優れた工場を参考にしながら、サンデンの新しい生産システムを描いた新工場基本計画書が完成したのは98年4月のことであった。計画書は、トヨタ自動車物流エンジニアリング部と千代田化工建設との協業によってつくられた。

この計画書に基づく新生産システムを同年7月から寿事業所に展開した。そして、00年11月、赤城事業所基本計画書を完成させた上で、生産ラインの基本設計に着手した。ラインは新日本製鐵と日立プラント建設、ＫＥＰの3社協業だ。慎重な実証実験を経ながら、01年12月、ようやく新工場の基本設計が完成した。

その大きなポイントは、単なる寿事業所の代替ではないことを強調し、サンデンの全事業所、生産拠点を再編する上での新しい事業所だということを明確にした点にある。生産技術の革新を基軸に旧工場を再開発し、生産グループ全体で、新たな利益を創出する、世

界トップクラスの事業所。こうした理想像を明確に打ち出した。

再編というのは、73年建設の八斗島事業所にカーエアコン用コンプレッサーを中心とする自動車機器の生産を集中させ、赤城事業所には自販機と店舗機器の生産を集約させる構想だ。生産効率、利益、環境面などあらゆる面で世界トップクラスに相当する工場でなければならない。

建物の建設は鹿島建設、内部の設備設計と施工管理は新日鉄、日立プラント建設、KEPが担当し、01年3月に工場建設が始まった。

1年後の02年3月、2階建て、工場2棟、塗装工場、事務所合わせて総面積2万6800坪の4つの施設が完成した。

ゴルフ場建設が頓挫してから15年の歳月が流れていた。

サンデンフォレスト誕生

2002年4月1日、サンデンフォレストの第1期分が稼働を開始した。赤城事業所は、自販機、コンビニ用ショーケースなどを生産する。機能を統合・集約した高効率生産、そして内製化による一貫生産を可能にした。塗装の排水をそのまま流さず、鉄スラッジを除去してから塗装の排熱を利用して気化する新技術が採用された。また、排出される廃棄物は80種類に分類され、すべて資源として利用される仕組みだ。

五月晴れとなった5月21日、サンデンフォレストと赤城事業所の竣工式が開催された。群馬県の小寺弘之知事やニコルを含む250人が参列した。

記念碑の除幕式では、牛久保が直筆した「挑戦」「創造」「貢献」の文字が刻まれた横長のプレートが披露された。

記念植樹では、サンデンの海外事業所・事務所のあるイギリス、フランス、シンガポールの在日大使館幹部が各国の代表的な木を植えた。特に英国大使館は、日英同盟100周年を記念して植樹活動「日英グリーン同盟」を実施。日本全国にイギリスの代表的な木であるオークを200本ほどイギリスと関係の深い場所に植樹した。その一つの場所がサンデンフォレストであった。余談になるが全国各地の植樹場所のうち、サンデンフォレストに植えられたオークが最も立派に成長していると評判だ。

ニコルは赤城事業所の全従業員を前に語った。

「皆さん方は、幸せだ。こんな職場は世界のどこにもありません。いろいろな自然を観察してほしい。自分の木を決めてほしい。疲れたときには、その木を見て水の流れの音を聞いて、仕事のやる気につなげてもらいたい」

小寺の挨拶は「環境先進県の当県が世界に誇れる工場が誕生した。当県の誇りとして自信を持ってその名を広めたい」と最大級の賛辞。

「赤城事業所は21世紀の世界に通用するトップクラスの事業所としてつくった」とグローバル企業の経営者にふさわしく挨拶をしたのは牛久保だ。

このプロジェクトを通じて一層信頼関係を堅いものとした牛久保とニコル。ニコルの挨拶がそれを証明している。

「牛久保さんの熱意を疑わなかった。環境と経営の両立をサンデンフォレストは証明してくれる。評価が大きくなるのはこれからだ」

竣工式での記念写真
左から２人目ニコル氏、右から２人目牛久保氏

第3章

活用と評価

誕生1年の評価

2003年5月、ニコルと福留はサンデンに招かれ、初夏のサンデンフォレストを訪れた。

「完成後1年の姿を、生みの親にみてもらいたい」

こんな牛久保の思いから、3人がサンデンフォレストに集まった。

3人は1時間かけて域内をカメラ片手に回った。ニコルと福留の表情には笑みがこぼれていた。

ニコルは言った。

「枯れた木がどれほどあるか注意深く観察したが、たった3本だけだったのには驚いた。私の森(アファンの森)の場合、植林した木の根を赤ネズミに食べられて90%は枯れてしまうのだが、ここは例外。素晴らしい適地じゃないか。朝、ヒバリが鳴いていたのもうれしかったね」

左から牛久保氏、C. W. ニコル氏、福留脩文氏
DUN-COYAにて、バーベキューを囲み

対して福留も木の成長を高く評価する。

「全体の植物が順調に育っている。このままいくと、間違いなく素晴らしい森に成長するだろう。今はゴツゴツとした石が目立つが、10年後は今の20%ぐらいしか石は目につかなくなる。80%は植物によって覆われるからだ。この土地は全体的に非常に柔らかい。だからいろんな植物が定着し、昆虫が寄りつき、それを狙って多くの鳥たちがやってくる。そして全体の風景が柔らかくなる」

最初にこの地を訪れたとき、「経済と自然の調和」を訴えたニコルは、1年後の姿をみてサンデンの働きを次のように評した。

「人間と自然は立派に共生できることをサンデンフォレストは立証してみせた。やろうと思えばできる。サンデンの社員にとっては健康にプラスになるだけではない。創造力も高まりやる気も出てくる。そして元気に結びつく」

そして、近自然工法の専門家という見地から、福留は雑草管理の重要性を説き、「場所によって雑草を刈り込む回数に差をつけなければいけない。植物たちと対話をしながら総合的に管理をすれば、立派なビオトープの森に成長していく」と語っている。

これらのコメントからも伺えるように、牛久保と談笑する二人の顔は喜びと満足感に満ちていた。

また、二人のコメントを通し、牛久保はじめサンデンサイドとしては、森の健全な成長には自らの適切な管理が必要不可欠なのだと決意を新たにした。環境と経済の共生をテーマにするニコルにとって、誕生後1年のサンデンフォレストの姿は十分に満足すべきものであり、牛久保との信頼関係も強固なものとなった。それは視察から1カ月後にニコルが書いた随筆からもうかがい知れる。

植林された50種以上3万本の木は順調に育ち、枯れていたのはたった三本だけ。沢にはトンボの幼虫が棲息し、小鳥が多く見られた。池には魚とかもが住み着いている。地元の小学校はサンデンフォレストの自然環境教育の現場として活用している。地元の住民はもちろん、地域の環境活動家からの苦情は一切ない。それどころか環境保護団体からは協調の申し入れさえある。

自然生態系の維持と経済は強制しなければいけないというのが私の信念だ。工場は目障りで騒音や悪臭を出す建物であってはいけない。サンデンの人々はサンデンフォレストを今後も大切にすることだろう。私はサンデンフォレストが年月を経るにつれて美しくなり、樹木が成長するにつれて生物の多様性が深くなることを確信している。(「ジャパン・タイムズ」2003年6月3日)

サンデンファシリティ

話を少し巻き戻し、造成開始から8カ月ほどが過ぎた2000年12月下旬のある日、牛久保らサンデンスタッフとニコルは忘年会を開いた。進捗状況は順調で、サンデンフォレストの先行きに明るい見通しが見えてきたころのことであった。ニコルはこの席で何度も強調した。

「鉄筋コンクリートの施設は古くなるにつれて老醜を晒すが、近自然候補による造成地は古くなるにつれて価値が出てくる。それにはこれからのメンテナンスが重要だ。私も今後、造成地が理想的な森に成長するよう、さまざまな助言をさせていただきたい」

ニコルは言い終わると、箸袋にボールペンで何かを書いて、一堂に見せた。

そこには、こう書かれていた。

Environmental Coordination Operations Staff = ECOS

「サンデンフォレストが完成した後は、こうしたメンテナ

C. W. ニコル氏が書いた箸袋のメモ
頭文字をとって、ECOSと名銘された

ンスの専門スタッフが必要ではないか」

ＥＣＯＳとは、「環境コーディネーション実施スタッフ」といった意味になろう。

もちろんサンデンとしてもメンテナンスの重要性に無頓着だったわけではない。日本はもちろんのこと世界でも初めてとなる、近自然工法を採り入れた大規模生産施設であり、それが結果的に放置されてしまえば、世界中に恥をさらすこととなり、グローバル企業として失墜することとなるだろう。画期的なプロジェクトだけに、もはや経済論理を超えて、重い社会的責任ものしかかってくる。失敗すれば社員のモチベーションが下がり経営に悪影響を及ぼすのはもちろん、外部からも「環境破壊型生産施設」と非難されかねない。

牛久保の命を受けた髙橋貢は、サンデンフォレストのメンテナンスを専門とする子会社立ち上げの準備にかかった。髙橋から「事務局機能を果たせ」と言われたのが、当時、総務部次長だった石倉利雪だ。

髙橋からニコルによる箸袋への走り書きを渡された石倉がプロジェクトチームを率いる形で、ニコルと牛久保らの忘年会から間もなく発足した。建設中も着々と準備を進め、稼働直前の02年3月に、サンデンファシリティ株式会社を設立し、石倉が初代社長に就任した。

「今でもあのときの箸袋を大切に保存してあるんですよ」と笑う石倉だが、そのコンセプトを完全に理解するのは簡単ではなかったという。

「完全に理解するのに半年以上はかかったね。赤城山南麓の広大な土地でこそ展開できるコンセプトだった。取り組む価値のあるプロジェクトだとたどり着いた」

ＥＣＯＳの意味は深い。

環境問題をコーディネートした上で展開していく活動。それは単線型ではなく複線型でなければならない。サンデンの一人歩きは許されないのだ。

「地域を超え、さまざまな環境グループと協働することが必要だ。そうすることによって、サンデンフォレストの価値が高まっていくのだろう」

サンデンファシリティ設立の準備を進めるうちに、石倉はこうした考えに到達していた。

サンデンファシリティは、メンテの専門スタッフを配置し、下草刈り、間伐、松枯れ防止のための薬剤注入、環境モニタリングなどを実施した。夏季の繁忙期には、外部の専門家や地元のシルバー人材の力を借りた。

環境教育という方向性

「サンデンフォレストを子どもたちの環境教育の場にしたらどうか」

石倉の脳裏には、この言葉がずっとこびりついていた。

完成直後のサンデンフォレストを視察した国会議員で元文科大臣の中曽根弘文が残した言葉だ。

折しもサンデンファシリティとしても、コンセプトの一つでもある自然環境の保全と持続的利用に関する社会的貢献活動をどのように展開すべきか考えていたところだ。

これを具現化するのに大きな力を発揮できる人物が現れた。

当時、桐生市立西小学校の教諭だった渡辺仁である。渡辺は、群馬県教育委員会から、長期社会体験研修として、２００２年４月にサンデンに１年間研修出向してきたのだ。４カ月間、伊勢崎本社でサンデンの業務全般について学んだ後、８月にサンデンファシリティに異動となった。

「なんといい巡り合わせだろうか」

石倉は環境教育のスタートアップを渡辺に任せることに決めた。石倉はサンデンフォレストの開発と今後の活動コンセプトを十分に説明し、地元の学童を対象にした「自然体験活動プログラム」の作成を渡辺に頼んだ。

渡辺は振り返る。

サンデンは環境保全に力を注ぎ、地域社会に対して社会貢献していく義務があると考えている。そのために恵まれた自然環境の場と自然体験活動の仕方を地域社会に提供することを打ち出した。

私はこの意向を受け2002年8月から12月までの間、子どもたちがどのようにサンデンフォレストを活用できるかを考えた。多額のお金を使って特別のものをつくるのではなく、自然にあるものを活用すること、子どもたちが五感を使って自然と触れ合ったり楽しみながら歩いたり、自然のものを使ってものづくりをするプログラムを作成した。

（「サンデンフォレスト　自然体験活動プログラム」）

A4 69ページのプログラムは03年3月に完成した。今でもガイドラインとして活用されている。

内容は自然散策、自然体験、創作活動、観察学習、総合学習の5つのプログラムから構成されている。サンデンフォレストの自然環境をゲーム感覚で学習できる手順が詳細に記されている。総合学習では、工場の生産現場や生ゴミ処理システム、リサイクルセンター、間伐材の利用、排水処理などを見学できる多彩なプログラムだ。

初代の渡辺以降、毎年、県教委に選ばれた優秀な教諭がサンデンファシリティに研修出向してくる。プログラムの質はますます向上していった。

学童を引率してきた教諭たちにも好評だ。

「サンデンファシリティの人が事前に学校を訪問し、サンデンと環境保全への取り組みについて説明をしてくれるので子どもたちは大いに勉強になる」

「調べる内容や質問について事前にファックスで送っているので、学校側の狙いが外れることはなかった」

こうした声が数多く寄せられた。

学童・学生たちにとっても、プログラムから得た経験は多くの効果をもたらしたのは間違いない。

「自然環境の中で癒やされる社員たちがうらやましい」

「本当に自然を大切にしている。自然のためにここまでできる会社はないと思う」

サンデンフォレストにおける環境教育プログラムが直接、サンデンの収益活動ではないが、企業姿勢に対するイメージ・信頼感の向上という意味でもその効果は計り知れない。

02年に研修出向してきた渡辺以来、12年3月時点で10人の教諭がサンデンフォレストのOBとして学校の教壇に戻っていった。これらの先生たちは決してサンデンフォレストを忘れないだろう。自分が担当する子どもたちを連れて自然環境のフィールド教育を行うケースも多い。サンデンフォレストはその適地として広く知られる存在となった。

環境ネットワークを結成

サンデンフォレスト発足時から、石倉が強く意識していたのは、外部とのネットワークづくりである。「挑戦・創造・貢献」というサンデンフォレストの理念の中で、特に「貢献」を展開していくには、ネットワークが必要不可欠だと考えたのだ。

着任して間もなく、石倉は赤城周辺に数多くの環境団体や個人が活動していることを知った。

日本にNPO法が成立したのは1998年。その第1号は、実は翌年3月に登記された伊勢崎の環境ネット21だった。周辺には、このほか、ぐんま昆虫の森、国立赤城青年の家、ぐんまフラワーパーク、電力中央研究所、赤城自然園、ＮＰＯわらべの谷、ＣＣＣ自然文化創造工場、赤城姫を愛する集まり、粕川流域ネットワーク、赤城少年自然の家、桐生自然観察の森、群馬県自然保護連盟、ぐんま野鳥の会、星の会などのグループや行政機関、市民団体、大学、企業が独自の環境関連活動を行っていた。

このころ、県のボランティア推進室の支援もあり、県内には約80ものＮＰＯが誕生していた。

C. W. ニコル氏と福留先生を囲んで、工事関係者も含めた全ての関係者

中でも中心的に活動していたのが、ＮＰＯカレッジだった。ＮＰＯの設立や運営を支援する立場のＮＰＯである。

そもそもサンデンは当初はゴルフ場開発に向けて動いていたわけだが、環境団体はこうした開発においては反企業的な姿勢を取るのが一般的だ。石倉はこのパワーを逆手にとり環境団体に協力を求める方法を考えていたのだ。石倉はＮＰＯカレッジの事務局長を務める小林善紀と環境ネット21の代表、六本木信幸、粕川流域ネットワークの下城茂夫の力を借り、さらには群馬県の行政事務所の支援も仰ぎ、赤城地域の環境関連組織のネットワーク化に取り組んだ。

オープンと同時に準備を始め、11月初旬には、サンデンフォレストで赤城クリーン・グリーン・エコ（ＣＧＥ）の集いを開催した。ＣＧＥには22の団体、研究機関、企業等がメンバーに名を連ねた。

ＣＧＥの集いでは、赤城山の自然環境を守り育みながら、地域の持続的発展を図るため、環境に配慮した人づくり、ものづくり、まちづくりを実現することをテーマに決めた。そして、その目的を参加メンバーの情報共有、連携、協働による森づくり、環境教育、自然の中での子育て、環境美化、創作活動による交流とした。

ＣＧＥはメンバーが増え、個人、団体、企業、大学、研究機関などを合わせて１２０を超える。活動は外部から高く評価され、行政や財団法人、独立行政法人などから多くの受託事業を受けている。

「あかぎくらぶ」の誕生

ＣＧＥ発足から5年後、事務局がサンデンフォレスト内に置かれ、事務局長には小林善紀が就任し活動が本格化した。やがて、サンデンフォレストは赤城周辺における環境関連活動の総本山とも言える存在に成長した。

こうなったときのサンデンにとっての課題。それは、サンデンファシリティがＣＧＥの活動にフル稼動することは困難だということ。本来の業務は、サンデンフォレストのメンテナンスであるのだ。また、万が一、サンデンの業績悪化に伴い環境貢献活動に支障が出るのも防がねばならない。サンデンの環境と社会への貢献活動を推進する組織を新たにつくらねばならないと石倉は考えた。サンデンの短期的な業績や事情に左右されず活動を継続することが求められる。そして、ＣＧＥのメンバーとなって中核的な役割を果たす必要がある。

こうした背景から２００３年６月に生まれたのが、ＮＰＯ法人「あかぎくらぶ」だ。サンデン副会長を務めていた天田清之助が理事長に就任した。

会の目的は二つ。一つは、サンデンフォレストでの小・中学生への総合的な学習プログラムと環境保全、自然体験活動の実施。もう一つは、サンデンフォレストを中心とした赤城山全体の環境保全活動の推進だ。ここでいう総合的な学習プログラムとは自然環境にとどまらず工場を見て、産業と労働についても学んでもらおうというものも含む。

多彩な体験型カリキュラムが設けられ、自然観察会やウォークラリー、Eボードによる調整池での水辺体験、草木染、樹木ラリー、星座観察、野鳥観察、蛍ウォッチング、ウッドクラフト教室などが行われるようになった。シーズン中、毎週末、休日返上でこのカリキュラムが実施される。現在、親子連れや社会科見学などで年間8000人以上（ECOS事業部対応分）が訪れる。一度訪れた人たちの中にはリピーターとなるケースも多く、学校の約7割は再利用している。

リピート率がほぼ100％という、固定ファンを獲得したイベントもある。さらに来場者の底辺拡大を意図する「工場探検デイ」「森の探検デイ」も好評で、多くの初参加者がある。

11年には、日本自動販売機工業会がサンデンフォレストの一角に自動販売機博物館「わくわく自販機ミュージアム」をオープンさせ人気を呼んだ。

日本で唯一、自動販売機の歴史と文化に触れるミュージアムのオープン式典

「赤城自然塾」とエコツーリズム

「あかぎくらぶ」は、CGEの活動を充実させ、県内での知名度向上に奏功した。しかし、世界初となる近自然工法を採り入れた大規模生産施設であるサンデンフォレストの存在を全国レベルに高めることがその先にある目標である。石倉と小林善紀はこの狙いを具現化するため、人づくりを実施する新たなNPO法人赤城自然塾の設立を考えた。

二人は、トヨタ白川郷自然学校と富良野自然塾をヒントとした。前者は岐阜県白川郷の世界遺産をバックに環境理論家で実践者の稲本正を校長に据えたトヨタのCSR活動。後者は、有名な脚本家、倉本聰を塾長とする三井住友フィナンシャルグループの社外活動。両者とも若者を対象とし、全国的に著名な事業となっている。

石倉らの提案で開かれた赤城自然塾の発足準備会は、具体的な目的と活動内容がまとまるまで30回以上の激論が費やされた。

徹底的に議論し尽くした結果定まった自然塾の目的は、学習指導要領に対応した環境教育プログラムづくり、環境教育を実践できる指導者の育成、森づくりを通した体験型人づくり、エコツーリズムによる都市と水がめ県・群馬の交流の5つ。

赤城自然塾は、2009年にNPO法人として設立された。サンデンフォレスト以外にもあかぎ山頂付近の大沼、小沼、覚満淵、ふれあいの森、青少年交流の家、昆虫の森などの資源や施設を活用して、人づくりを核に指導者養成や森づくり、エコ・ツーリズムを行う。

モニタリング調査の結果から

前述したように、環境モニタリング調査義務の規定からは外れていたサンデンフォレストであるが、造成前の1998年から自主的に調査を継続してきた。造成後は02年から3年に1度自主モニタリング調査を継続している。

2017年には、環境省の「モニタリングサイト1000里地調査」の一般サイト（調査地）に登録された。このプロジェクトは、全国約200カ所で統一された調査を行い、里地里山という複雑な生態

環境各分野の専門家によるモニタリング調査の中間報告・検討会

系の変化を全国レベルで捉えることを目指すものだ。

17年の調査では、植物を626種類確認した。98年より266種類増えている。貴重種のサイハラン、シュンラン、キンラン、エビネなども確認されている。ビオトープ化された東西の調整池やその周辺には、ウキクサなどの浮遊植物、ヨシなどの抽水植物、セリなどの好湿植物、ヤナギなどの低木が定着している。

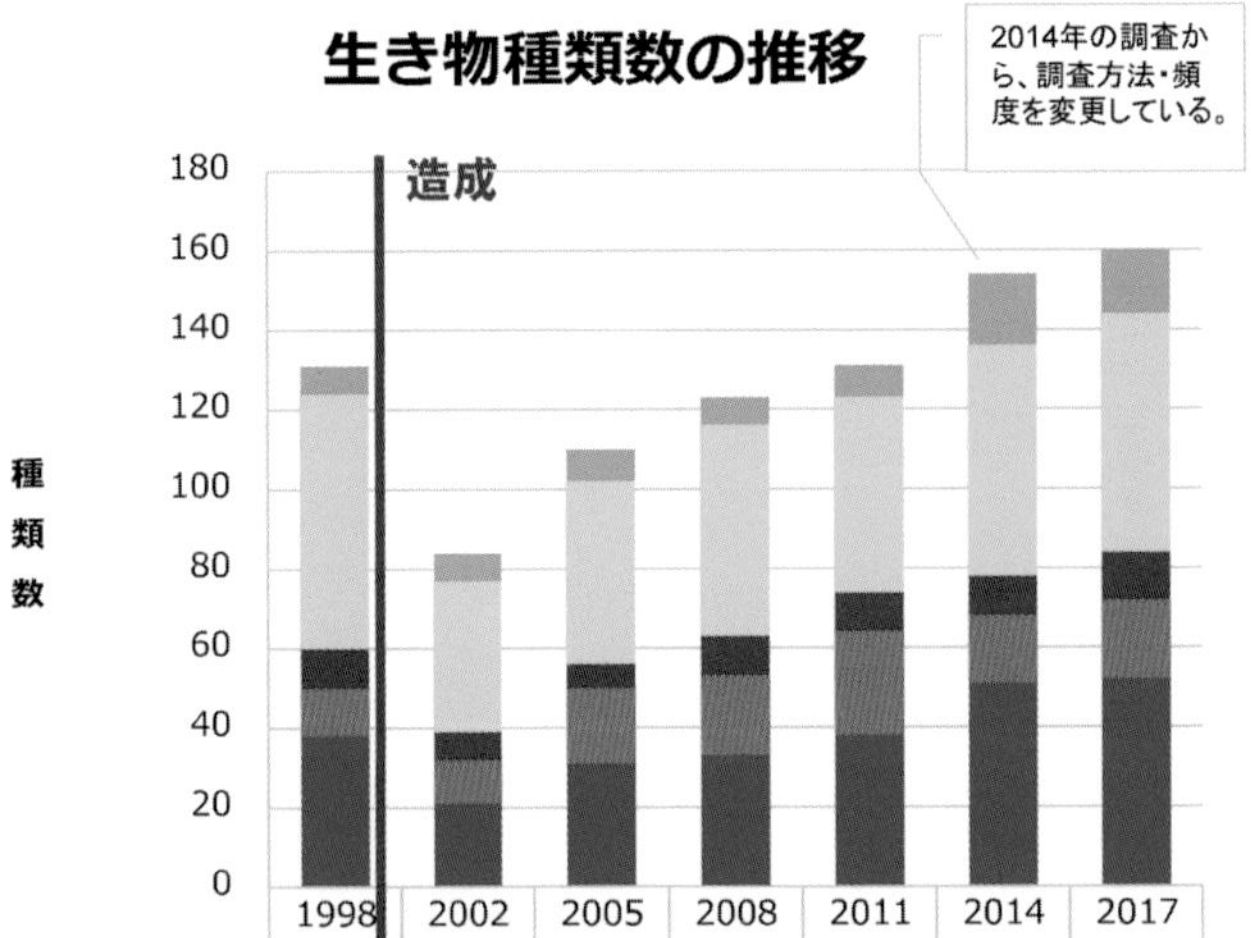

	1998	2002	2005	2008	2011	2014	2017
哺乳類	7	7	8	7	8	18	16
鳥類	64	38	46	53	49	58	60
爬虫・両生類	10	7	6	10	10	10	12
トンボ	12	11	19	20	26	17	20
チョウ	38	21	31	33	38	51	52

哺乳類も年々増え、17年は16種類。タヌキ、キツネ、ムササビ、ハクビシン、ウサギ、テン、イタチ、アライグマ、アナグマ、イノシシ、ニホンジカ、ツキノワグマなどに加え、国指定天然記念物で絶滅危惧種のヤマネが初めて発見された。

鳥類は造成後の02年には38種類だったが、17年は60種類。同年、絶滅危惧種のサンコウチョウが発見された。また、18年には生態系の頂点に立つと言われるフクロウが初めて確認された。

里山の象徴種エビネ

爬虫類は12種類、トンボは20種類、チョウは52種類が確認されている。日本の国蝶であるオオムラサキや季節によって日本列島を縦断する不思議な習性を持つアサギマダラなどが発見された。

調整池など5カ所でホタルが確認されている。サンデンフォレスト内で初めて発生が確認されたのは07年。夏にはゲンジボタルやヘイケボタルの乱舞が見られる。調整池には、メダカ、コイ、ヨシノボリなどが生息する。

このように02年の造成完成から20年近くが経ち、生態系に配慮した設計と継続的なメンテナンスが奏功し、さまざまな生物が確認されている。生物の多様性が深まる一方、カモシカ、イノシシなどをはじめとする大型哺乳類が人間の活動エリアに近づいていることが課題となっている。そのため、近年は大型哺乳類が滞在しないような藪のつくり方についてデータを蓄積するなど、人とほどよく距離を保って共存できる環境づくりにも注意を払い、整備を行っている。

国蝶のオオムラサキ

散策しているとひょっこり顔を出す野ウサギ

地域とのパートナーシップ

群馬県は2010年度、企業や団体が取り組む森林整備活動について、二酸化炭素の吸収量を評価し、認証する制度を発足させた。サンデンファシリティは、サンデンフォレストに隣接する約5万5000平方メートルの手付かずの森を「サンデン社員の森(室沢交流の森)」と命名し、生きた森に再生する事業にも取り組みをスタートさせた。

県、サンデンフォレスト、サンデンファシリティの3者が結んだ森林整備協定は県内初。県で第1号の二酸化炭素吸収認証取得企業となった。

サンデンファシリティを牽引する石倉は、発足以来、一人でも多くの来訪者を招き、周辺のステークホルダー（企業などの組織が活動を行うことで影響を受ける利害関係者）と良好な関係を築くために懸命の努力を続けていた。

00年代半ばになると、日本経済界ではようやくCSR（企業の社会的責任）が取り組むべき課題として認識されるようになっていた。そんな中、サンデンは、サンデンフォレストを舞台にいち早くCSRによる企業価値の向上にまい進していたと言えるだろう。

サンデンファシリティの役割は、サンデンから預かったサンデンフォレストという巨大で価値ある資産を生かし、ステークホルダーの評価と信頼という目に見えない果実を得て、それをサンデンの成長に結びつけることだ。

サンデンファシリティのＥＣＯＳ事業部は、森林の管理と同時に、環境をテーマにした社会貢献活動を年間通して実施してきた。サンデンフォレストをフィールドにする場合はＮＰＯあかぎくらぶ、赤城地域一帯をフィールドにするときはＣＧＥやＮＰＯ赤城自然塾をパートナーとした。

まちづくりに関しては、ＮＰＯ赤城元気会議とパートナーを組んだ。05年に設立された赤城元気会議は、周辺の宿泊施設、レジャーランド、ショップなどが連携し、赤城の活性化に取り組む。

赤城地方は昔から畜産が盛んに行われてきた。特に豚肉の生産が極めて多く、近年、前橋は「ＴＯＮＴＯＮ（豚肉）のまち」としてブランド化を図っている。

その一方、養豚業の臭いが問題となっていた。

牛久保はこの問題に取り組もうと考えた。牛久保の命を受けた石倉と林は、サンデンＯＢで産業技術センターに勤務する佐藤元春、養豚組合などとパートナーを組んで、畜産版５Ｓ活動をスタートさせた。整理、整頓、清掃、清潔、躾という5つの活動を養豚業に取り入れ、風が運ぶ臭いの問題をなくす方向を目指す。

約１０００人が働く赤城事業所は、赤城エリアでは大規模事業所である。オープン時には地元から新たに50人を雇用し、加えて常時50人ほどのパートが働く。周辺に居住する人たちはサンデンフォレストの管理や活用面において欠かせない戦力となっている。

多彩な来訪者を満足させるために

「たくさんのお客さまが集う企業こそ繁栄する」

牛久保の信念である。

この信念に基づいてサンデンフォレストを見れば、大成功と言える。サンデンフォレストを訪れる外部の人は、年間およそ1万5000人である。

見るべきもの、聴くべきものがあるからこそ、人は集う。この人たちを満足させるか、がっかりさせるかでは雲泥の差が現れる。満足した人たちはサンデンのファンになるが、がっかりした人たちはサンデンを忘れ去る。牛久保はだからこそ、来訪者の目的や関心事に合わせて説明内容、提供資料を変えるよう指示を出した。

サンデンフォレストの訪問者は概ね3つのカテゴリに分類される。

第一は小中学校生と教諭。学習指導要領に基づいたカリキュラムを説明する。自然環境共存型の工場として、また、工場での自販機などの工業製品を生産する現場を見学する目的で訪れる。これらの人たちに対しては、サンデンの会社概要、森や自然の体験活動、埋蔵文化財、自販機製造過程、廃棄物のリサイクルなどを説明する。

第二は、大学や研究機関の関係者である。環境問題に取り組む専門家たちが多い。この人たちの関心事は、環境共存型経営の最先端の学習。特に、近自然工法やマテリアルフローコスト、リユース、リサイクル、ビ

年度別グラフ

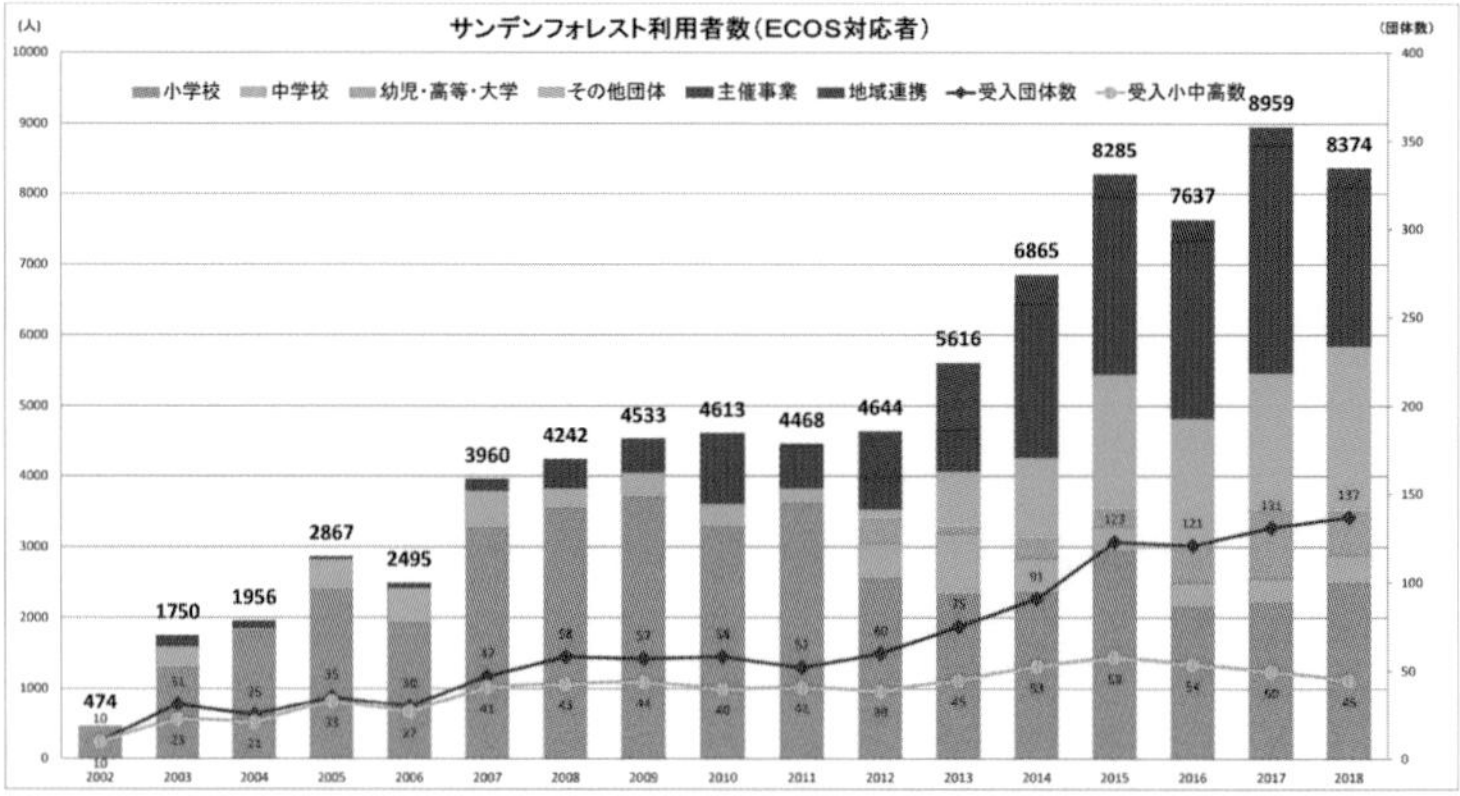

オトープ、生物多様性の維持、環境先端技術とその製品など多岐に及ぶ。それらの前提としてサンデンの環境理念、環境対応技術、環境教育のための広域連携の現状、ソーラーシステムなども含む。

第三は、一流企業のトップクラスを含む企業関係者、業界関係者たち。訪問の目的はサンデンフォレスト、赤城事業所を視察して環境経営の実践を把握し、自社の経営に生かすこと。この人たちはサンデンのビジネスにもつながる可能性があるので、環境と経営の矛盾なき共存について、あらゆる角度から説明する。環境投資とランニングコスト、環境投資と経営効果などの説明は、第三のカテゴリの人たちにとっては非常に興味をそそるテーマだ。例えば、同規模のゴルフ場と比較してランニングコストは3分の1、訪問するゲストの数はそれ以前の工場に比べ10倍以上あり、一流企業のトップクラスが多く、ビジネスに結びつくケースが多い等の説明は、特に興味深いものとなっていた。

環境経営の成功は、環境に注力する経営が経営効率を高め、さらに売り上げ増に結びつくことでもあるので、第三カテゴリもまた非常に重要な訪問者である。

内外からの高い評価

サンデンフォレストはオープン後、物流加工センター、管理施設棟などの建設を行い、2006年9月にすべての工事が完成した。

これまでサンデンフォレストは、国内外から実に多くの賞や高い評価を受けてきた。これらをリストに示してみよう。

2002年　日経優良先端事業所賞
2003年　日本緑化センター会長賞
2004年　自然環境功労者環境大臣表彰
2005年　緑化優良工場　関東経済産業局長賞
林野庁・森林環境教育優良事例HP掲載
厚労省・ワンモアライフボランティア賞受賞
2006年　内閣府・あしたのまちくらしづくり活動賞
ワンモアライフ勤労ボランティア賞
2008年　緑化優良工場　関東経済産業局長賞

第25回都市緑化ぐんまフェア・サテライト会場
朝日企業市民賞
SEGES社会環境貢献緑地評価（Excellent Stage 3）認可
２０１０年　生物多様性保全　企業のみどり１００選（都市緑化基金）選出
２０１１年　経済協力機構（OECD）「Sustainable Manufacturing Tool Kit」掲載
２０１２年　グッドデザイン賞（日本デザイン振興会）
NPO法人あかぎくらぶ、環境大臣表彰
２０１３年　緑化推進運動功労者　内閣総理大臣表彰
２０１４年　SEGES社会環境貢献緑地認定（Superlative Stage）
環境教育等における体験の機会の場（前橋市）認定
２０１６年　土木学会デザイン賞　優秀賞
２０１７年　みどりの社会貢献賞（都市緑化機構）
緑の都市賞　国土交通大臣賞

このようにオープンした02年から切れ目なく毎年のようになんらかの受賞をしている。

サンデンフォレストの存在だけでなく、環境教育や自然保全などの取り組みが社会に貢献し、高く評価されている証左であろう。

特にサンデンフォレストにとって大きな出来事となったのは、13年4月の内閣総理大臣表彰だった。

緑化推進に顕著な功績のある個人・団体を総理大臣が表彰する制度は97年から始まり、毎年、「昭和の日」に表彰式が行われている。

13年の表彰者は3個人と10団体。団体としては学校、自治体、NPOなどが多く、この年、唯一の民間企業がサンデンであった。文部科学、農林水産、国土交通、経済産業。環境の各省が選定した受賞者を内閣府が表彰する仕組みである。

表彰式を迎えた同年4月26日、牛久保はやや緊張した面持ちで表彰状を受け取った。

サンデンを推薦したのは経済産業省だった。経産省は大きく3点を指摘し、推薦理由とした。

憲政会館でおこなわれた内閣総理大臣表彰式
（安倍総理のうしろが牛久保氏）

①サンデン赤城事業所は、水際や林縁といった境界領域に植物や小動物の生育、生息環境を創造するため、民間工場では初めて宅盤の造成にコンクリートを使用せず、すべて法面方式とする「近自然工法」により整備された。

②同事業所は周辺環境との連続性を重視して外来種を使用せず、工場周辺に存在する樹種によって緑地を整備した結果、工場周辺と調和した樹林が形成されている。

③同事業所では絶滅危惧種の保護、育成を行うとともに、環境モニタリング調査によって貴重生物等の種類数の推移を定量的に把握し、これまでの取り組みに対する検証を加えて、さらなる生物多様性の向上に取り組んでいる。

キーワードは、近自然工法、周辺環境との連続性、環境モニタリング調査の3つ。②と③については取り組んでいる事業所もあるが、①については文中にあるようサンデンが初。「民間工場では」としているが、公共機関を含めても日本初である。

緑化推進運動功労者の総理大臣表彰は、決して容易ではない。サンデンの場合は、日本緑化センター会長賞（03年・日本緑化センター）、緑化優良工場関東経済産業局長賞（05年・関東経済産業局長）、緑化優良工場経済産業大臣賞（08年・経済産業大臣）の3つの受賞が実績となった。これらは相互につながり、例えば、緑化優良工場経済産業大臣賞を単独で受賞できるものではない。最初の受賞から10年を経て、内閣総理大臣表彰に結びついた。これはサンデンフォレスト設立のコンセプトや内容が優れているだけではなく、その後、日常的に維持管理してきたスタッフの地道な努力が評価された証しでもあった。式典に出席した牛久保はのちに振り返っている。

式典終了後のレセプションでは、天皇陛下に拝謁する機会に恵まれました。実は1983年、あかぎ国体が行われた時、天皇・皇后両陛下（当時の皇太子・妃殿下）が伊勢崎市寿町にあるサンデン本社工場をご視察されたことがあったんです。私は、表彰式に臨むにあたり、その時の懐かしい写真をポケットに忍ばせていた。両陛下とサンデン首脳が写る写真をお見せしたところ、大変関心を示され、数分の間、談笑されました。両陛下は挨拶するだけなのが通例なので、数分間も談笑するのは異例のことだったようです。国内で最高の賞を授けられたことに、会社を代表して誇らしく思いました。

10周年を迎える

２０１２年、数々の受賞をはじめとする高評価を獲得するという大きな果実とともに、サンデンフォレストは10周年を迎えた。

爽やかに晴れわたった同年5月30日、設立10周年の記念式典が開かれた。

１００人ほどの来賓の中には、もちろんニコルや福留の姿もある。

ニコルはサンデン社員を対象に約30分間ほどの講演を行った。話しぶりは熱を帯びたもので、サンデンフォレスト愛はその場にいた全ての者に伝わった。

ニコルは回想する。

「17年前、初めて牛久保さんと会ったとき、自然への取り組みについて完全に考えが一致した。人間の汗と愛情と知恵を注げば自然はそれに応えてくれて、必ず豊かになる。開発は破壊ではない。自然とともに工場もまちもなんでも共存できる。私は牛久保さんを信

サンデンフォレスト 10 周年
（室内での C. W. ニコル氏講演）

サンデンフォレスト10周年式典
（木洩れ日の森）

用し、友人の福留脩文さんを紹介した」

ニコルは未来についても想いを馳せ、従業員らに語りかける。

「この赤城事業所で働いているみなさんが、ちょっと疲れても森を見ると心が安らぐ、森は癒やしの場であり教育の場でもある。サンデンフォレストは、あと１００年は創造できる。みなさんの汗と愛情を注ぎ込めば・・・。１００年後はすごいことになる。そのとき、なぜ工場が森の中にあるのか、と不思議に思う人がいることだろう」

かつてニコルは東日本大震災で被災した東松島市の人たちをアファンの森に招待した。生きている森に入れば、悲しみで閉まった心が開くと信じたからだ。そこで知り合ったリーダー格の若い役人から「森の学校」づくりを依頼され、取り掛かっているところだ。その体験についても原動力はサンデンフォレストなのだと聴衆に語りかけた。

「サンデンフォレストは未来を見せてくれた。私の人生どれほど残っているか分からないが、森で日本をつくりなおすことに力を注ぎたい」

ニコルの言葉は従業員たちの胸を打った。しばらく熱い拍手が鳴り止まなかった。

「COP11」で発表

2012年10月には、URBIO（都市の生物多様性フォーラム）がインド工科大学で開催され、サンデンフォレストはその取り組みについて発表を行った。

さらにインドのハイデラバードで生物多様性条約締約国会議（COP11）が開催されたのは、ほぼ同時期の同年10月8日から19日までだった。この会議に招待された牛久保は、サンデンフォレストの現状を報告した。「リオ・コンベンションズ・パビリオン」が主催したパネルセッションだった。ここは、生物多様性、気候変動、砂漠化のリオ会議3大テーマについて最新の事例を公開し、科学的発見について情報を共有する国連のプラットホームだ。

「持続可能な開発に関する展望の共有」をテーマとする最終日に牛久保は登場した。牛久保は特に強調したことが3つあった。

「サンデンフォレストは開設10年が経過した現在、継続的な環境調査により生物多様性の改善が定量的なデータによって証明された。これは極めて重要なことだ。また、地元の小中学生、NPO、顧客など年間約1万5000人の訪問者があり、開発当初のコンセプト『地元への貢献』が達成されたと思っている。私たちの取り組みは、OECDが推進する自然と調和したものづくりの先進事例の中で、世界7社のうちの1社として公表されました（後述）」

世界初、近自然工法を採り入れた大規模生産施設の存在は、参加者を驚嘆、そして共感させた。

「世界の企業がこの情報を共有するため、国際会議や学会でももっと広く発表してほしい」

こんな声が牛久保のもとに多く寄せられた。

2年後、COP12においても成果を発表している。

サンデンフォレストとSDGs

2011年には、OECDから「自然と調和したものづくりの好事例」として日・米・英・独・加の7事例の一つに選ばれ、ホームページなどで紹介された。

「〝自然との協調をめざす21世紀型工場〟というコンセプトで造成されたサンデンフォレストは、半分が工場で残り半分は森である。近自然工法により、調整池はビオトープ化され、造成地から出た石と木材はすべて工事用の資材として使われた。発見された貴重植物種はサンデンフォレスト内の最適に移植され、充分な保存管理がなされている。建設費はコンクリートの費用を減らして廃棄物を出さないことで、あわせて5億円を節減している。2008年の第4回目の環境モニタリング調査では、サイト内の生物多様性は1998年の水準を全般的に上回った。群馬県はサンデンフォレスト内の二酸化炭素固定量を537㌧と認証している」

サンデンはグローバル企業だけに注目度が高く、しかもOECDからも高い評価を受け、インターネット上でその取り組みが紹介される。石倉は赤城自然塾を設立するとき、サンデンフォレストを全国的な存在にすることを念頭に置いていたが、それどころか世界を代表する7事例に認定された。牛久保は喜びと同時に責任が重くのしかかったことを実感していた。

・・・こうして内外から注目されるようになったサンデンフォレストは、今後、「環境と産業とが共存する森の中の工場」の代表例として、ベンチマークされ続ける存在になるでしょう。光栄に思う反面、フロントランナーとしての重い責任を負ったような気がします。(『会社の「品質」 私がめざしたグローバル・エクセレント・カンパニーズ』牛久保雅美 日科技連)

さて、OECDの「自然と調和したものづくりの好事例」が掲載された媒体は、「Sustainable Manufacturing Tool Kit」という冊子であった。「Sustainable Manufacturing」、つまり「持続可能なものづくり」である。地球環境一つとっても、いかに持続可能なあり方が可能なのか、世界中にとって大きな課題となっていたのだ。

OECDに評価を受けた3年後、国連の総会において、SDGs(持続可能な開発目標)が採択された。21世紀直前の00年、ミレニアム・サミットで採択されたのが「MDGs(ミレニアム開発目標)」で、主に途上国の社会開発課題について、15年までに達成すべき8つの目標から成り立っていた。しかし、極度の飢餓人口の割合を半分にする目標などクリアできた目標がある一方、妊産婦死亡率や乳幼児死亡率など積み残しも多くあり、必ずしもうまくいったとは言い難い面もあった。こうした伝統的な開発課題に取り組みつつ、気候変動・地球温暖化、地域間格差・男女間格差の拡大、気候変動に起因する紛争など、新たな地球規模の課題に取り組もうというのがＳＤＧｓ。先進国にも途上国にも共通する目標である。

ＳＤＧｓは、２０３０年を目標年として別表のように17の目標が設定され、17の目標のもと、それぞれについての細目にあたる１６９のターゲットもつくられている。

実は、国連が推進し世界各国が取り組むＳＤＧｓはサンデンフォレストとその活動にジャストフィットしているのだ。

17の目標のうち、目標15「陸の豊かさも守ろう」には、説明文として「森林の持続可能な管理、砂漠化への対処、土地劣化の阻止および逆転、ならびに生物多様性損失の阻止を図る」という言葉が続く。一目で分かるようにサンデンフォレストの存在そのものである。また、目標４の「質の高い教育をみんなに」は「すべての人々に包摂的かつ公平で質の高い教育を提供し、生涯学習の機会を促進する」と続き、これはサンデンフォレストが取り組み環境教育プログラムが当てはまる。

目標13「気候変動に具体的な対策を」にも当てはまる。緑地が二酸化炭素を吸収する効果も高く、また、工場の屋根に太陽光発電システムも搭載し、エネルギーの自給を目指し、さらにゼロエミッションも達成する。

目標17「パートナーシップで目標を達成しよう」もまたサンデンフォレストの取り組みそのもの。前述したように環境ネットワークを形成し、周辺の多くの諸団体と連携し、パートナーシップを築いてる。

SDGsの取り組みは単に社会的責任を超えて、「持続可能な開発」を実践することが経営の盤石化や売上向上などにも結びついていくことが理想だ。サンデンフォレストは存在そのものが環境課題に関連するものであるが、もう一歩進んだ取り組みを目指し、既存の枠にとらわれず組織を超えたパートナーシップを生かした事業を模索している。今後の大きな核となってくるだろう。

第4章

C・W・ニコルVS牛久保雅美

※対談は2019年12月9日に実施。C・W・ニコル氏は2020年4月3日に逝去されました。ご冥福をお祈りいたします。

二人の邂逅からすべてが始まった

サンデンフォレストが誕生して17年が経過した。その間に、サンデンを取り巻く状況も大きく変わった。サンデンホールディングスが誕生し、その下に各分野に特化したグループ各社が連なる。現在、牛久保雅美は会長を退任し、経営から完全に離れている。ここまで見てきたようにサンデンフォレストの誕生は、C・W・ニコルと牛久保雅美の信頼関係が生み出した賜物とも言える。そんな二人が、サンデンフォレストのこれまでとこれからについて忌憚なく語り合った。

――二人はどのようにして知り合ったんですか？

ニコル　できるだけ短く話そう。もともと僕は北極で厳しい自然とともに生きるイヌイットや海の哺乳動物の研究を行っていた。その関係もあって、日本の捕鯨を応援する立場から、日本の捕鯨船に乗ったり、南極に行ったりしていたんだ。マイクさん（牛久保氏のニックネーム）の知人でもあり、クジラをテーマの一つとしていたジャーナリストの梅崎義人さんと僕は知り合い、信頼関係を築いていた。捕鯨について、僕たちは随分といろいろ議論し、お互いに信頼し合う仲。その梅崎さんから「リーダーの牛久保さんが困っているから、アドバイスしてもらえないか」と頼まれたのが始まり。

牛久保　広報の新しいあり方を模索していた中で、時事通信社出身のジャーナリストである梅崎さんがサンデンに広報担当として入社してくれることとなった。その梅崎さんが「ニコルさんを知っているけど、会いませんか？長野県の黒姫に住まいがある」と言ってきた。私は山を遊び歩くのが大好きだったから、黒姫山探訪を兼ねてニコルさんのもとを訪ねてみようと思った。そこで、早速社内に声をかけると20人ほどが集まった。まだ残雪のある5月、私たち一行はニコルさんを黒姫に訪ねたんです。黒姫山登山を楽しんだ後、ニコルさんのロッジで1泊した。実はね、私は大学卒業後に就職した会社で原子力関係の仕事をしていたんだが、原子力発電所のあるイギリス・ハンターストンに1カ月ぐらい滞在したことがある。ニコルさんと同じぐらいの年齢の遊び相手が現地にいたし、ＵＫに対してものすごく親近感がある。ニコルさんがウェールズ出身と聞いて、すぐに会いに行こうと思ったんだ。

――最初から親しみがあったんですね。

牛久保　そう。この1泊でニコルさんという人のことがよく分かった。ニコルさんと話していると、この人はなんなのだろうと思ったね。単なる自然派じゃないんだよ。面白い人だなあと思って意気投合したのが、交流の始まりだった。また、その頃、会社では赤城山麓の土地をどう活用するかという課題が持ち上がっていた。ゴルフ場の開発計画が頓挫し

たという話はニコルさんには一言も言わなかった。ゴルフ場の開発はバブル期に、私の弟が中心となってプロジェクトを進めていた。ニコルさんに言えば、呆れられると思った（笑）。ゴルフ場の開発計画が中止になった後、新工場の計画もあったが、具体的にどうすればいいのか。そのことについてニコルさんにアドバイスがもらえればいいなあと思って、のちに群馬に来ていただくことになった。

ニコル　私にはいろいろ経験があったので、いくつかアドバイスできることもあるだろうと思った。エチオピアでシミエン山岳国立公園をつくったこともあった。国立公園をつくるには、建物をつくったり、人が住めるようにしたり、人間の生活を成り立たせ

ることが重要となる。さらにツーリストを呼ぶことも必要だ。自然を守ることだけを考えるなら、人間を公園内に入れないほうがいい。でも、それはできません。このときに試行錯誤した経験があった。もう一つの経験は、カナダ西海岸、環境庁のエマージェンシーオフィスでの仕事。環境にとって何か良くないことが起こったときはすぐに現場に急ぐ。例えば、深夜、工場が汚染水を流して鮭の稚魚がたくさん浮かび上がって地元の人が大騒ぎとなったり、地すべりでパイプラインが割れてしまったりとか。工場の経営者が心ある人なら、自分が住んでいる地域の自然なのだから大切にしようと考えるのですが、そうじゃない悪党がいくらでもいるんだ。グローバルな石油会社など、地元に住んでいない大金持ちの経営者たち。決して工場が悪いのではなく、どうすればバランスが取れるのかと考えることが重要だ。30歳に手が届く頃から、いろいろな人たちとも相談しあい、このことについて考えていた。

「環境を大切にした工場こそが、経営もうまくいく」

——サンデンが抱えていた課題は、ニコルさんが長年考え続けてきたテーマでもあった。

ニコル　そうです。マイクさんがつくろうとしている工場の条件を聞いて、たいした汚染は出さないだろう、ちょっと工夫すれば問題ないと思えるレベルだった。それは決して単純にはいかないだろうが、できるだろうと考えた。「これでいい、できる」と発言したら、責任は取らなければなりません。僕はマイクさんと肩を合わせて、「できる」と言ったわけですから。30年後でも50年後でも自分が言ったことの責任は取らなくてはいけないと思っている。スコットランドで自然との共存がうまくいっているウイスキー工場がある。そういう工場で製造されたウイスキーこそが最も多く売れているんです。周囲の環境や景色に留意し優れたものにしている工場でつくられたウイスキーなら、「飲んでみたいなあ」という気分にさせられるのだ。

——環境を大切にして製品をつくることが経営に直結して

いるわけですね。

ニコル　その通りです。環境を大切にしない企業は、将来的に悪夢を見ることになるでしょう。

牛久保　私の立場から言うと、結局、自然が好き、自然を愛するということ。シンプルに突き詰めて考えると、そこにいきつく。赤城山を見て育ち、山が好きになった。それが原点。登山で危険に挑戦するというよりも、山好き、自然好き。ニコルさんのような確固としたポリシーは私にはないが、「この自然環境をもっとよくしたい」という気持ちが出発点なんですよ。ニコルさんに造成予定地を見てもらったときは、オートバイなどの廃棄物がゴロゴロ捨てられているようなひどい状況だった。私が愛する赤城の地をなんとかきれいにしたいという思いがこみ上げてきた。しかも自然と工場が両立できると言われ、なんとしても実現したいと思った。こちらとしては経営者の立場だから、やはり自然オンリーというわけにはいかない。自然と経営をどう癒合させるかということが課題になる。さらに、もう一つ背景について言うと、プロジェクトの中心メンバーとして活躍してくれた堀越さんも自然が大

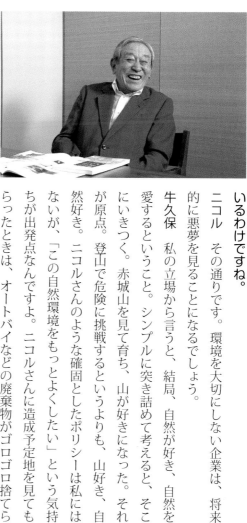

好きだった。彼もまた山男だった。

ニコル　そうだね、芸術にも造詣が深かったね。

牛久保　堀越さんじゃなかったら、自然が好きな人でなかったら、私と組んで一緒にできなかったのではないかと思う。堀越さんは、ある意味、狂ったようにプロジェクトに打ち込んでいた。堀越さんは、「これだ」と思ったら、徹底的に寝食忘れてのめり込むような人。堀越さんと一緒に、キリマンジャロなど世界中の山に挑戦した。

――それらが原動力になった。自然の中でも赤城山という存在に対する特別な思いが強い。

牛久保　もともと、私は赤城の森の中に研究施設をつくりたいという夢を持っていたんだよ。サンデンフォレストはゴルフ場用地を転換するという成り行きだったから、その夢とは直接関係はないのだけれども。思いとしては、赤城山なんだからということも大きかった。

「約束を守る男」

――そういう素地があって、さらにニコルさんと出会って、自然と経営の両立に確信を持つことができたということでしょうか。

牛久保　そうだね。両者が共生できることが確信でき、一生懸命取り組むことができたんですね。ニコルさんの言葉には説得力がった。

――改めてお聞きしますが、サンデンフォレストが成功した最も重要なポイントはどこだったと思いますか。

牛久保　結局、プロジェクトに関わる人たちがどれだけ熱心に動いてくれるかということ。最初は地元の人たちの多くは大反対だったけれど、住民説明会でニコルさんが話をしてくれたら、状況は一変、みんなが積極的に動いてくれるようになった。それまで、ゴルフ場の件もあって、ゴルフ場を計画するような会社だからということもあるのだろうかもしれないが猛反対、サンデンは不人気だったと言っていいね。

ニコル　誤解なきように言っておくけれど、僕はゴルフ場に絶対に反対というわけじゃない。けれど、バブルの時代、ゴルフ場の面積は国内の畑の面積よりも広くなっていたくらい。元来、ゴルフはスコットランドの遊びで、木が全く生えていないようなところで羊飼いがゴルフボールを叩いて遊んでいた。ところが、日本では森を伐採して自然の豊かなところを切り開いてゴルフ場にした。農薬問題もある。それは何かが違う。ゴルフ場の話はそのくらいにしておこう。ところで、僕が最初に造成予定地に行ったとき、まだ立木トラストがあったよね。それを見て反対運動が大きいのだろうと考えた。

牛久保　そのときは、すでにゴルフ場のプロジェクトは中止になっていたんですよ。にもかかわらず、立木トラストがあるのだから、開発自体に反対という雰囲気だった。ニコルさんに来ていただいた１９９８年２月の時点では、すでに工場の開発許可も下りていたタイミングだった。

ニコル　あの説明会のとき、住民らの表情は殺気立っていた。僕は開発がむしろ環境を良好にすることに役立つと話し、さらに「私は約束します。牛久保さんも約束を守ります」と断言した。すると、「ニコルさんがそう言うのなら信用します」と住民たちも考えを変えてくれた。実は、当時の会長だった牛久保海平さんが「住民が反対するのなら、木１本たりとも切ってはいけない」と言い放ったと聞きました。僕は、明治生まれの男たちはちょっと怖い（笑）。昭和37年に22歳で来日したときには、そういう威厳のある明治の男が日本にはたくさん存在していた。僕はそういう男たちから叱られもし、可愛がられた。だから、牛久保海平さんが「切るな」と言っているのに、「いや切った方がいい」などと言える立場かとビビっていたんです。だから、ただ「切る方がいい」ではなくて、間伐のために切る方が環境が良好になることを詳しく説明したんです。内心、怒鳴られるかと思ってヒヤヒヤしていたが、反応は予想とは真逆だった。

――25年以上も前、サンデンフォレストの計画が全然まとまっていないときから、お二人は知り合っていた。当初からニコルさんの影響を受けながら、プロジェクトを進めたと言える。ニコルさんは、サンデンに福留脩文さんを紹介していますね。

ニコル　福留さんのことは結構前から知っていました。長野県の鳥居川改修工事がきっかけです。彼が各地で行った、プロのすごい仕事を見て、この人だったら大丈夫だと思った。福留さんはもともと居合の達人でもあり、侍の気質を持つ人物。誰と議論になっても負けません。実際に自ら現場の土木工事にも携わり、働いている人と同じ目線で話ができるのも心強い。実は僕にも福留さんにも、いろいろなプレッシャーがあったのも事実です。福留さんはすべて跳ね返しました。旧来のやり方でやれば、ストレスもないし楽だと多くの人は考えるものです。

――近自然工法という工法をめぐっては、実現に向けて激論が交わされたと聞きました。

ニコル　ものすごい激論。僕は、自然に悪影響を及ぼすかどうかのアドバイスはできるが、土木の専門家ではないから議論には参加していない。土木の専門家である福留さんとは、随分話し合った。福留さんの提案のおかげで、施工費は随分安くなったんですよね。

牛久保　数十メートルの堰堤を造成しての法面をコンクリートで固めて工場地にするという施工会社のプランだった。私は、従業員用の駐車場は斜面でも構わないという立場。施工会社のプランには最初から反対だった。工場用地をたくさんつくるよりも法面に植林して自然の連続性をつくる方が重要だ。そういう面についてさんざん議論を尽くした。

ニコル　そうすれば、時の経過とともに木が成長し強度も上がっていく。これから日本には大きな台風が多く来襲するような時代がくるでしょうが、地滑りについてはそれほどの心配はいらないと思いますよ。

――こうした激論の結果、最終的に牛久保さんは福留さんが提案した近自然工法の提案を決めた。

牛久保　私は経営者だから、施工費用は安く抑えられる方がいい。完成当時、「ずいぶん費用がかさんだでしょう」とよく言われたものです。ところが、実際は全然異なる。数十メートルもかさ上げして工場用地をつくるのはもったいないというのは経営者としての判断。そして法面にコンクリートを打つのが嫌だったというのは自然派としての判断。その両面がありましたね。もう一つの議論として、敷地の中にある3つのコンクリートの調整池。開発に関する県の条例によって、それは必要不可欠だった。条例なので仕方ないが、僕はコンクリートを使用することは嫌だったね。

――しかし、そのコンクリートと連続する形で石積みが施され、自然の景観に近くなった。その石積みに関しても安全性をめぐって激論が交わされた。

牛久保　最終的には施工会社も福留さんの手法の安全性を評価し、なおかつ環境重視が結果的に売上・生産効率の向上につながり株価評価のアップにも結びつくと評価してくれた。コンクリートを必要最小限にとどめ自然環境を大事にし、なおかつそうすることで建設費用も安価で済む。私にしてみれば、経営的にも環境的にも最善の策だった。

――環境を重視し、なおかつそれが経営にも奏功すればいうことはない。まさに環境経営ですね。

牛久保　そういうことですよ。90年代から積み重ねてきた環境経営の取り組みが、サンデンフォレストで結実したと言えるのだと考えている。

ニコル　牛久保さんは約束を守った。約束を守る男は本当に大事ですよ。約束を守れなかったら、謝らなければならない。

牛久保　約束を守るっていうよりも私の信頼だよね。私自身は人間の付き合いとして、頼む頼まれるが基本。頼むこともするし、そうすると頼まれるわけ。で、頼まれてやっていると、今度は向こうが頼んでくる。そういう関係がニコルさんのいう「約束を守る」かもしれない。私は、頼む頼まれるというのが、いわゆる人間関係であると思う。お互いの信頼関係の中で仕事をする。それが会社経営にもそのまま合致するというのが私の基本的な経営観ですよ。

ツツジにはえるサンデンフォレストのエントランス

新緑の中に佇む生産工場

社会の中で負う使命と本質と

2015年4月、サンデンは持株会社体制へ移行し、商号を「サンデンホールディングス株式会社」に変更した。牛久保は会長としてホールディングス化を見守った後に退任し、名誉会長を経て現在は経営から完全に離れている。

そして19年8月、サンデンホールディングスは、連結子会社で、冷凍・冷蔵ショーケースや自動販売機製造などの流通システム事業を担うサンデン・リテールシステムの株式を投資会社に譲渡する計画を発表した。サンデン・リテールシステムは、サンデンホールディングスの連結決算から外れる。

さらに同年10月、サンデン・リテールシステムは伊勢崎市内の工業団地に新たな工場を建設し、赤城事業所の機能を移す予定だと発表された。サンデンホールディングスは上毛新聞社の取材に「赤城事業所については、これからも産業と環境の矛盾なき共存を軸に、さらに成長させていく」とコメントしているものの、サンデンフォレストの活用法を含めて今後が流動的な状況となっているのは事実だ。

――サンデンフォレストの現状、課題、そしてこれからについてどう思われますか？

牛久保　従来、ニコルさんから提案を受け、専門家を含めたＥＣＯＳ事業部を組織し、運営してきた。問題はそういうことよりも、マネジメントの方向性を明確にすることだろうと考えている。経済状況や企業として置かれた状況が激変する中で、いかに本質を見失わずに舵取りできるか。経営サイドと現場が力を合わせて、なんとか次の世代にうまく生かしていってほしいと思っている。

ニコル　もっと身近なことを言えば、利用法はいくらでもある。日本の企業では、精神に問題があり、仕事を休んだり休職したりする人が非常に多い。週に1時間でも2時間でも自然の中で体を動かすと心理面にも大きな効果があることが分かっているんですよね。森は癒やしの場ですから。だから、昼休みにウォーキングしてみるとか、せっかく森の中に工場があるのだから従業員自らが積極的に森を利用することが会社のためにもなると思う。森の中で体を動かすことで、精神的にも良好になりモチベーションアップ、そして生産効率向上につながるというわけです。世界中でそういう効果が報告されている。いまや、「森林浴」という言葉は、国際語になっているのですから。

――原点を見つめ直す意味で確認しておきたい。ＥＣＯＳ事業部の提案にはどんな意図を込めたのか。

ニコル　現代人の多くは森の中で癒やされる経験をしたことがない。少なくとも働く世代はそうした経験を持たない人がほとんど。森の案内とかいろいろなことをやる。だれかがリーダーシップを取らないとダメだ。だから、僕はＥＣＯＳを提案した。メンテナンスを専門に行うのはもちろんだけれど、ガイド役ですね。私の考えでは、小学生など子どもたちをはじめ地域の人がサンデンフォレストに入れるようにしてほしいと思いました。当初の軋轢を知っているからこそ、地域に愛されるようなかたちになってほしいと。だから案内できる人を置く。もちろん従業員にも利用してほしいけれど、地域の人に門戸を開いて「ああ、よかったね、きれいだね」と体感していただく。これは実現していることですが、環境を学ぶ機会を設ける。そういう機能を工場が担う。今まで環境運動をやってきた側からすると、企業や工場というのは信頼できない人たちだと思っていたんですけど、環境と企業、経済が結婚する最高に幸せな仕組みをサンデンがつくったわけですよ。これは世界に冠たることですよ。内閣総理大臣表彰を受けるということは、未来を約束したということですよね。

――すでに一企業だけの問題にとどまらず、社会の中で占める役割の大きさを認識しなければならないというわけですね。

ニコル　話は造成時まで遡るが、サンデンフォレストの造成地から縄文時代や平安時代の遺跡が発掘され、多くの文化財が出土した。製鉄炉も発見され、鉄がつくられていたことも分かった。そこでは、長い間、人々の営みがあった。製鉄炉といえば、当時、最先端の技術だったはずです。僕は経営者ではないから具体的なことは言えませんが、これからも新しいニーズが生まれてくるはず。もうちょっと広い視野で物事を俯瞰できるといいだろう。富岡製糸場をはじめとする群馬の絹遺産が世界遺産になりましたよね。あれが日本の近代化の出発点としての世界遺産だったとすれば、サンデンフォレストは未来遺産ではないか。両方がそろっているからこそ、群馬県はすばらしい。サンデンフォレストにはそれだけの存在価値がある。ちなみに、われわれのアファンの森も未来遺産なんですよ。

「PROTEAN BEHAVIOR」の精神で

——国連が2015年に採択したSDGsの取り組みは、まさにサンデンフォレストそのもの。17の目標のうち、サンデンフォレストの取り組みに該当するものがいくつもある。時代を先取りした事業だった。企業によるSDGsの取り組みを国連自体が待望しているいま、もう一度戦略を再構築すれば可能性は大きく広がると感じる。

ニコル　つまり、世界の趨勢よりも十数年も前に環境と経済が共生する画期的な工場をつくった飛び抜けた存在がサンデンだったということ。「PROTEAN　BEHAVIOR」という言葉を覚えてほしい。それは、本来とは全然異なる奇妙な行動。例えば、ライオンがガゼルを狩るとき、ライオンは賢いから待ち伏せをする、ガゼルは逃げる。でも中には皆と一緒に逃げないものもいる。ライオンの上を飛び跳ねるなどしてライオンの魔の手から逃れる。サバイバルの過程で突飛な行動をとり生き残ったものがいる。自然の中で全然違う行動をとる生き物が必ずいるんですよ。成功する率がどれくらいあるか分からない。しかしガゼルやカモシカが通常通り逃げ回るだけなら絶滅しますよ。PROTEAN　BEHAVIORとは、エキセントリック・サバイバルと言ってもいい。

――それがないと次のステップに行けないんですね。

ニコル　行けないんです。だから、ノーベル賞を取るような人は、みなちょっとエキセントリックなところを持つ。エゴセントリックはもちろん話にならないが、常識の枠からちょっとはみ出すエキセントリックは重要なんです。

――サンデンフォレストもまたPROTEAN　BEHAVIORと言える存在だったということですね。

ニコル　そう。そしてその心、行動を起こすのは自然しかないんです。自然の中に身を置かないと、その心は生まれてこない。だからこそ、従業員にとっても重要な場所だと言える。マイクさんは若い時から外国に行ったり、山に登ったりした経験をベースに立派な経営者になった。私はそう考えています。

――今までのお話も踏まえ、サンデンフォレストの未来も含めて次世代への提言を贈るとしたら？

牛久保　世の中はどんどん移り変わり、先行きは不透明で読みづらいが、いまの日本はかつての大英帝国と同じ病に陥っているように見える。イギリスはじめスペインやポルトガルもかつて全盛期は大帝国だったが今は違う。この状況を覆すには、やはり人材を育てるしかない。良い人間が良い組織を、良い組織が良い会社をつくる。国はその積み重ねです。

ニコル　世の中は変わりつつあるけれど、電車の中では人々はみな同じ行動をとっている。つまり、座席に座ってちまちまとスマホいじり。僕が最も心配しているのは、子どもたちの自然欠乏症候群です。小さいときに五感を使って遊んでいないとどうなるか。脳の発達が遅れてしまうんですね。これまでの研究結果から、子どもに友だちができない、落ち着かない、すぐに泣く、転ぶ、怪我する。こうした現象は、最初は環境汚染が原因ではないかと、医者が薬を飲ませたら余計に悪化した。五感を使って遊んだ経験のない人がどうなるかというと、まず判断力が落ちる。われわれは自然の中で、常に小さい判断、大きな判断を下しているんですね。そうした経験がないと友だちができなくなる。日常生活で簡単に刺激が得られるから、恋愛もできなくなる。僕はそういう状況をたくさん見てきた。自然と関わって五感を使ってこなかった人は、視覚的にも聴覚的にも鈍くなり、人の気持ちも読めなくなってしまう。僕は、だんだんとこの状況に恐怖を覚えつつある。サンデンフォレストの使命は、そんな状況を覆すことにもあるのではないか。

「リスクを負って立ち上がれ」

――話を聞いていると、まるで人間が退化していくような感がありますね。

ニコル　そう退化ね。退化していくかコンピュータの一部となるか。そこからは本当にクリエイティブなことは生まれない。コピー、コピー、コピーなんです。僕が若い人に講義をするときによく言うことは、「コンピューターから情報を引き出す人間ではなく、コンピュータに情報を提供する人間になれ」。だから、週1時間でもいいから自然の中に身を置くことが大切なのだ。子どもはもっと長い時間を自然の中で過ごすべきだ。深呼吸だけでもいいから。

――サンデンフォレストで働いてる人自身がもっと環境をうまく活用すべくというのは、そういう理由があるからですね。

ニコル　ええ。まだサンデンフォレストがオープンした時代は、ちょっと年配の人々には僕のいう言葉が通じました。最近の若者には僕の言うことが通じない。言葉は聞こえても、意味が分からないんです。

――サンデンフォレストの未来に話を戻すけれど、企業の経営に左右されないよう自ら事業化を図るという方向性についてはどう考えますか？

牛久保　サンデンフォレストにおける環境のメンテナンスや環境教育といった取り組みは現在も上手くいっているし、これまで獲得したノウハウに沿って運営していけばそれほど間違った方向にいく心配はない。さらに今後は、環境教育のプログラムを汎用性の高いものに昇華させ、県内にとどまらず首都圏をターゲットに事業化を図るという取り組みも必要になってくるだろう。工場に関しては、先ほどニコルさんもいっていたように時代によってニーズは変わっていくものであるから、先入観に縛られずに工場と環境部門の分離方式を考えてもいいのではないか。例えば、敷地内はもちろん赤城一円の間伐材を集めペレット燃料を製造する事業や植物工場のプラントの製造など環境をテーマにした事業を展開することを考えてみたら面白い。現在の工場が持つノウハウを使えるはずだ。それが成功すれば、持続可能な「森の中の工場」の新しい可能性となる。

ニコル　そのためにはサンデンホールディングスと協力し牛久保さんが音頭をとって新たな財団をつくり、サンデンフォレスト全体の運営を行うことを提案したい。そうすれば、私も全力で協力したい。私たちのアファンの森財団と協力できるし、ウェールズのアファンの森、そして長野のアファンの森と国際的な三角連携を結べば可能性がとてつもなく広がる。牛久保さんには、このことをやり遂げる責任があるはずです。

――ECOS事業部を生産施設も含めたサンデンフォレスト全体の運営を行う財団形式とし、生産施設では時代のニーズに合う環境をテーマにした産業の工場とする。これが成功すれば、環境経営を超えた「SDGs経営」のモデルとなりそう。真に持続可能な森の中の工場となる。

牛久保　そういうときに重要となるのは、やはり人材。残念なことに最近の人は、周りに疎まれながらも仕事で何事かを成し遂げたいと考えようという人が減っている。それが、私が日本がかつての大英帝国と同様に衰退していくのではないかと危惧する最大の理由。やっぱり何か使命感と情熱を持って他人と異なることに挑戦できる人材が必要だ。そのことは、先ほどニコルさんが言ったPROTEAN　BEHAVIORに通じるのではないか。

——リスクをとって挑戦できる人が出現するかどうか。

牛久保　私がこの書籍を世の中に残したいという志を持ったのも、そういうリスクを顧みず挑戦できる人がいなくなってしまうのを恐れているから。まず、サンデンフォレストを立ち上げた歴史を語る。それが、次に立ち上がるだれかの役に立つのではないか。次世代の人が触発され、行動に移していってほしい。夢は必ず叶うことを伝えたい。それが私の願い。サンデンフォレストの物語は、これからも続いていくと信じている。

エピローグ～ぶれないということ～

オープンから18年。

環境後進国だった90年代の日本にあって、数々の困難を克服してプロジェクトを立ち上げ、2002年にスタート。

その間、環境に対する価値観は大きな変化を遂げ、いまや国内外において環境経営やSDGsが注目を集めている。

そのトップランナーとして走ってきたサンデンが誕生させたサンデンフォレスト。プロジェクトのスタート時から、妥協や迎合を排し、一貫して「環境と産業は矛盾なく共存する」というスローガンを見失うことなく貫いてきた。

サンデンフォレストの18年は、牛久保を筆頭に歴代経営者がブレない姿勢を貫いてきた証しでもある。

経済状況は決して楽観視できるものではないだろう。

かつて牛久保は語った。

「企業はたかだか100年。自然に対しては永遠の責任と覚悟が必要だ」

「やりたいことをやるのではなく、やらなければならないことに命を懸ける」

企業が永続していくことは、従業員はもちろん株主や取引先、地域社会などさまざまなステークホルダーに対する責任でもある。そのために企業はあらゆる努力を重ねなければならないのはいうまでもない。

一方、サンデンフォレストは世界中から高い評価を受け、内閣総理大臣表彰まで受賞している。もはや、その存在は一企業を超えて地域社会、いや世界が注目する存在となった。サンデンフォレストもまた永続させていくべき「宝物」なのである。

ＳＤＧｓが世界の課題となるいま、ようやく時代がサンデンフォレストに追いついてきたと言えるのではないだろうか。もう一歩先を見据えた取り組みにチャレンジするチャンスだと言えるだろう。

サンデンフォレスト の第２幕として、新しい使命を果たすときが到来していると感じられる。

毎年多くの子ども達が訪れる
環境体験活動（緑のベストがECOSスタッフ）

17年には、社内組織や社員が、仕事やプライベートでもっとサンデンフォレストを利用し、活用できる場所にしようと「森活プロジェクト」がサンデン環境みらい財団との共催で始まった、森林間伐作業を社員が行ったり、その間伐材を社員に還元するイベント「木こりクラブ」を企画運営したりしている。ニコルも指摘しているが、地域はもちろんであるが、社員が愛情を持ってサンデンフォレストを活用することが必要。そのことはECOS事業部もよく認識しているのだ。サンデンフォレストが持つ価値を熟知し、その価値を次代につないでいかなければならない。同年度からは、サンデンフォレストの次のステップを検討・検証する「サンデンフォレストミーティング」も月に1回のペースで進められている。「環境と産業の矛盾ない共存」を徹底した上で、事業化も含め今後の可能性が模索されているところだ。

不易流行。

サンデンフォレストの本質を見失うことなく、時代のニーズを見据えていけば、必ず未来が開けていく。

サンデンフォレストの歩み

1987（昭和62）年　粕川村へゴルフ場開発の申入書を提出。
1989（平成元）年　牛久保雅美、社長に就任。
1992（平成4）年　サンデン開発株式会社、ゴルフ場計画の中止を決定。
1995（平成7）年　群馬銀行から堀越洋志が着任。粕川村の対応に当たる。
1996（平成8）年　粕川村から県にゴルフ場跡地利用に関する「要望書」が提出。
粕川基本計画が策定、工場の建設を優先とする。
群馬県よりサンデン関連会社11社に対し、行政指導「中段の撤回」が出される。
米国環境保護局から「成層圏保護省」を受賞。
この頃、新工場建設の場所（三和町か赤城か）に関する激論が繰り広げられる。
独自に環境調査始まる。
1997（平成9）年　粕川村長に「大規模開発構想書（案）」を提出。

1998（平成10）年

粕川村より温泉供給要請、10月から採掘開始。
粕川村全区民に説明会実施。
群馬県へ「大規模開発計画協議書」を提出。
ニコル氏、サンデンフォレスト造成予定地を視察。
ニコル氏、「粕川サンデンフォレストに関する提言」を牛久保社長に提出。
サンデン側（天田・髙橋・堀越）が西日本科学技術研究所の福留脩文氏を訪問。
サンデン東京本社で牛久保・福留会談。
福留氏がサンデンフォレスト造成予定地に立つ。

1999（平成11）年

「大規模開発承認申請書」承認。
国有地、村有地の払い下げ申請書提出。
福留氏と近自然工法導入を前提とした協議がスタート。
農地転用の許可が下りる。

2000（平成12）年

サンデンフォレスト本工事スタート。
埋蔵文化財の発掘調査始まる。

2001（平成13）年

福留氏、本社にて講演「近自然工法とサンデンフォレストに対する考え方」を行う。

大規模土地開発事業変更承認申請書を提出。

サンデンフォレスト第1期工事開始。

発掘調査終了。

福留氏の論文「共生型社会への思想と技術―赤城山サンデンフォレスト」（「会計検査資料」掲載）

2002（平成14）年

サンデンフォレスト第1期工事完了。

第1期工事分稼働。

第2回環境モニタリング調査実施。

サンデンフォレスト・赤城事業所竣工式。

群馬県教育委員会長期体験研修受け入れ開始。

赤城クリーン・グリーン・エコの集い開始。

日経優秀先端事業所賞（日本経済新聞社）。

2003（平成15）年

DUN-COYA設置。

NPO法人あかぎくらぶ設立。

日本緑化センター会長賞（日本緑化センター）。

2004（平成16）年
いきもの環境づくりみどり部門（環境大臣）。
みどりの日　自然環境厚労者表彰（環境大臣）。

2005（平成17）年
第3回環境モニタリング調査実施。
赤城クリーン・グリーン・エコネットワーク設立。
緑化優良工場　関東経済産業局長賞。

2006（平成18）年
太陽光パネル設置。
赤城自然塾設立準備会発足。
管理施設棟（物流加工センター）完成。
農地転換完了。
群馬ふるさとづくり奨励賞

2008（平成20）年
第4回環境モニタリング調査実施。
SEGES社会環境貢献緑地評価（Excellent Stage 3）認可（都市緑化機構）。
緑化優良工場　経済産業大臣賞。
群馬県環境活動功績賞。

２０１０（平成22）年

朝日企業市民賞（朝日新聞社）。

群馬県と森林整備協定締結。

赤城自然塾設立。

生物多様性保全企業のみどり１００選選定（都市緑化基金）。

２０１１（平成23）年

ＩＳＯ認証取得。

第５回環境モニタリング調査実施。

経済協力機構（ＯＥＣＤ）「Sustainable Manufacturing Tool Kit」掲載。

２０１２（平成24）年
わくわく自販機ミュージアム開設。

サンデンフォレスト開設10周年記念式典。

ＮＰＯあかぎくらぶ環境大臣賞。

第４回関東水と緑のネットワーク１００選選定。

生物多様性条約締結国会議ＣＯＰ11で事例発表(インド・ハイデラハード)。

Ｇマークグッドデザイン賞（日本デザイン振興会）。

２０１３（平成25）年　第６回環境モニタリング調査実施。

緑化推進運動功労者内閣総理大臣表彰（内閣府）。

２０１４（平成26）年　ＳＥＧＥＳ社会環境貢献緑地評価（Superlative Stage）認可（都市緑化機構）。

環境教育等における体験の機会の場認定（前橋市）。

生物多様性条約締結国会議ＣＯＰ12で事例発表（韓国・インチョン）。

２０１５（平成27）年　サンデンフォレスト歴史室開設。

２０１６（平成28）年　第７回環境モニタリング調査実施。

ＮＰＯ法人あかぎくらぶ解散。

２０１７（平成29）年　サンデンフォレスト15周年式典。

土木学会デザイン賞優秀賞（土木学会）。

みどりの社会貢献賞（都市緑化機構）。

緑の都市賞国土交通大臣賞（都市緑化機構）。

参考文献

『サンデンフォレスト物語　未来をみせてくれた近自然工法　森の中の工場』梅崎義人
サンデン　２０１３年
『会社の「品質」　私がめざしたグローバル・エクセレント・カンパニーズ』牛久保雅美
日科技連　２０１２年
『サンデングローバル事業開発物語』山口哲男　上毛新聞社　２０１９年
『サンデンＳＴＱＭ物語』山口哲男　上毛新聞社　２０１９年
『近自然の歩み　―共生型社会の思想と技術―』福留脩文　信山社サイテック　２００４
年
『アファンの森の物語』Ｃ・Ｗ・ニコル　アートデイズ　２０１３年
『15歳の寺子屋　森をつくる』Ｃ・Ｗ・ニコル　講談社　２０１３年
『近自然工法』西日本科学技術研究所　２００７年
「サンデンフォレストの管理と活用　報告書　２０１７」サンデンファシリティＥＣＯＳ
事業部　２０１８年
「サンデンフォレストの管理と活用　報告書　２０１８」サンデンファシリティＥＣＯＳ

事業部　２０１９年
「人間邂逅　Ｃ・Ｗ・ニコル　牛久保雅美」
（「プレジデント」１９９５年11月号）
「指針　同じことを言い続けるということ」（「経済界」２０００年９月号）
「牛久保雅美の経営学３　常に天から降っているチャンスを行動力で掴む」
（「商工ジャーナル」２０１３年11月）
「私の人材教育論　牛久保雅美」（「人材教育」２００８年８月）
「サンデンフォレスト・赤城事業所の取り組み」細谷泰治
（「グリーン・エージ」２００９年９月）
「サンデンフォレストの考え方と環境活動」石倉利雪
（「クオリティマネジメント」２００９年）
「平成の麒麟　牛久保雅美」（「Ｖｏｉｃｅ」２００６年９月号）

C・W・ニコル氏からのメッセージ

森と工場がうまく共存できれば地元に喜ばれるだけではなく、世界でも成功する。

サンデンフォレストは志ある事業家と強い意志をもったナチュラリストが出会ったことで誕生した。

信頼しあった者同士が手を結び、約束を果たしたからこそ可能となったプロジェクトである。

C・W・ニコル

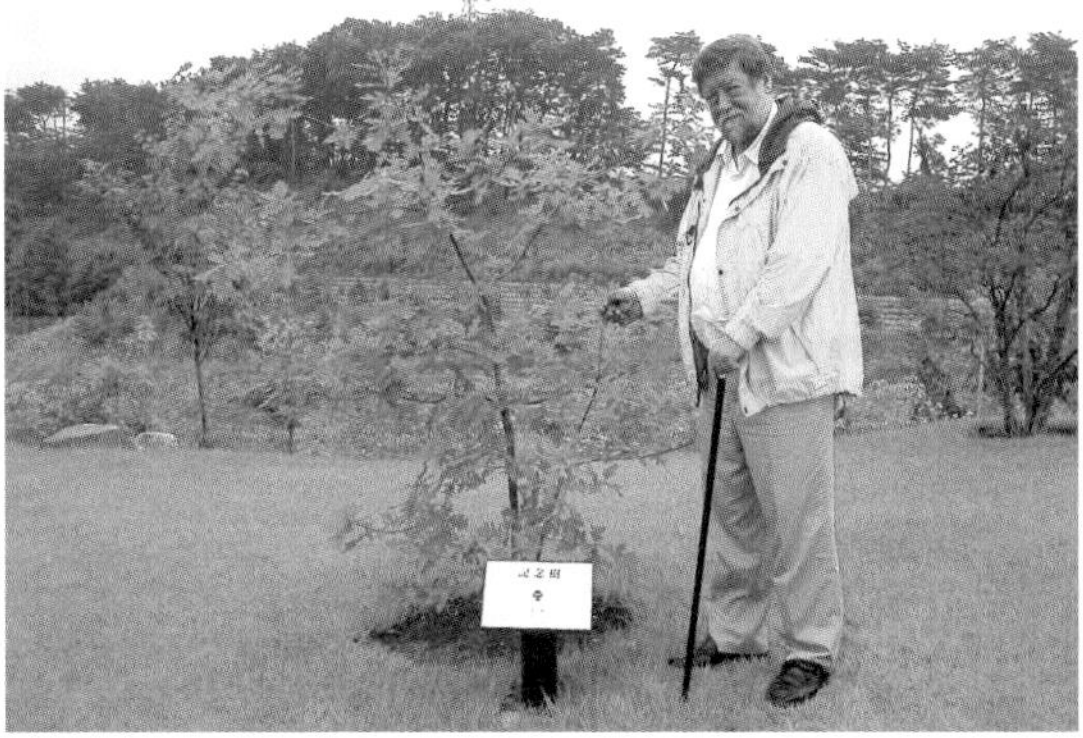

日英同盟１００周年記念植樹

▲女王陛下のオーク

◀

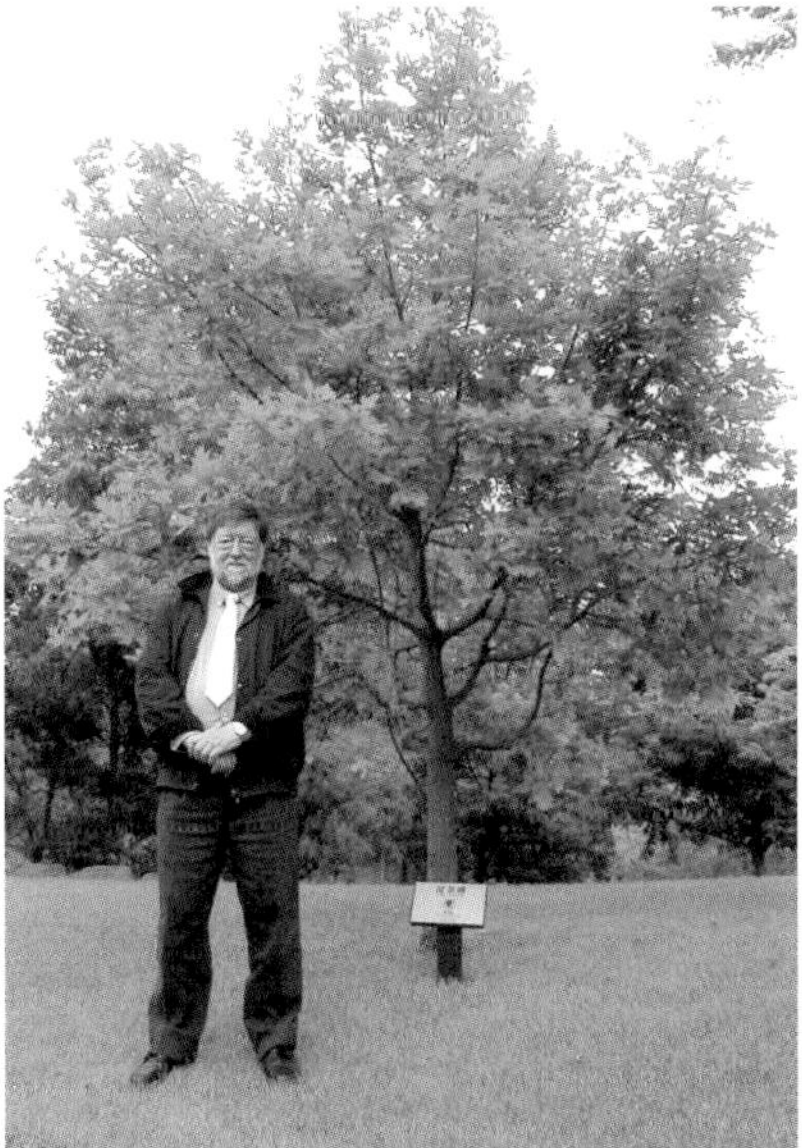

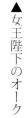

後を継ぐ者たちへ

「神は常に許し、人間は時々許すが、自然は決して許さない」

これは、２０１９年に第２６６代フランシスコ教皇が気候変動に関して言われた言葉です。この言葉から、私は自分たちが暮らす地球環境の危機的な状況を改めて実感しています。

私は経営者として長年にわたり環境経営に取り組み、「環境と産業の矛盾なき共存」というコンセプトにたどり着き、サンデンフォレストを完成させました。「環境と産業の矛盾なき共存」と言うのは簡単ですが、実現させることは難しい。いや一時的に実現できたとしても、半永久的に継続していくことは至難の業なのです。

刻々と変化する経済状況に左右されることなく、利益を生み出しながら「環境と産業の矛盾なき共存」を続けていくためには、トップに立つ者たちの強い決意と実行力が求められます。

環境より何よりまずは経営を健全にしなければ企業として存続ができないではないか。そんな意見が主流を占めていることは百も承知です。

しかし、現在の地球環境を俯瞰してみると、いかなる理由があろうとも、「環境と産業の矛盾なき共存」をおろそかにしてしまうことは、決して許されないことではないでしょうか。

昨今の気候変動を思い起こしてください。

度重なる「史上最高」と冠のついた台風を我々は毎年のように経験しているのです。それらが全て地球温暖化を原因とするものとは断定できませんし、温暖化の原因自体も明確に解明されているわけではありません。

しかし、温暖化以前の地球とは別物のような気候になってしまったことは多くの人々が実感しているのではないでしょうか。

そんな時、私たち経済人にできることは何でしょうか。

私は「環境と産業の矛盾なき共存」の永続的な実行だと考えます。一人一人、一社一社が徹底すれば、少なくとも環境に悪影響は与えないはずです。

経済人として、事業から「儲け」を生み出すことは重要なことです。それがなければ、持続可能な環境・社会をつくることはできません。だからこそ、私は環境に留意しながら利益を生み出すための闘いを続けてきました。

1990年代から2000年代、そして現在に至る私とサンデンフォレストの闘いを描き出し伝えていくことが、後を継ぎ、この待ったなしの地球環境を考えながら産業を盛り立てていく次代の傑物の出現に結び付くと信じています。

目先の経済的利益の追求だけをしていれば許される時代は終わりました。この本から触発され、「環境と産業の矛盾なき共存」への志を一人でも多くの人々が持つようになれば幸いです。

２０２０年２月

サンデン株式会社元会長　牛久保　雅美

執筆者プロフィール

磯　尚義

1966年群馬県出身。京都大学文学部卒業後、出版社などを経て2004年からフリーランスライターとして活動。主な著書に『サッポロ一番を創った男』（上毛新聞社）、『下村善太郎と若尾逸平　初代前橋市長と初代甲府市長』（共著・上毛新聞社）などがある。

森の中の工場

構成・執筆　磯　尚義

製作協力　「森の中の工場」編集会議
C・W・ニコル
梅崎義人（林政ジャーナリスト）

監　修　牛久保雅美

印刷・発行　上毛新聞社
〒三七一―八六六六
群馬県前橋市古市町一―五〇―二一
電話　〇二七―二五四―九九六六

発行日　二〇二〇年六月二十一日

ISBN978-4-86352-264-0